AF627901

Carl-Auer

Die Reihe »Beratung, Coaching, Supervision«

Die Bücher der petrolfarbenen Reihe *Beratung, Coaching, Supervision* haben etwas gemeinsam: Sie beschreiben das weite Feld des »Counselling«. Sie fokussieren zwar unterschiedliche Kontexte – lebensweltliche wie arbeitsweltliche –, deren Trennung uns aber z. B. bei dem Begriff »Work-Life-Balance« schon irritieren muss. Es gibt gemeinsame Haltungen, Prinzipien und Grundlagen, Theorien und Modelle, ähnliche Interventionen und Methoden – und eben unterschiedliche Kontexte, Aufträge und Ziele. Der Sinn dieser Reihe besteht darin, innovative bis irritierende Schriften zu veröffentlichen: neue oder vertiefende Modelle von – teils internationalen – erfahrenen Autor:innen, aber auch von Erstautor:innen.

In den Kontexten von Beratung, Coaching und auch Supervision hat sich der systemische Ansatz inzwischen durchgesetzt. Drei Viertel der Weiterbildungen haben eine systemische Orientierung. Zum Dogma darf der Ansatz nicht werden. Die Reihe verfolgt deshalb eine systemisch-integrative Profilierung von Beratung, Coaching und Supervision: Humanistische Grundhaltungen (z. B. eine klare Werte-, Gefühls- und Beziehungsorientierung), analytisch-tiefenpsychologisches Verstehen (das z. B. der Bedeutung unserer Kindheit sowie der Bewusstheit von Übertragungen und Gegenübertragungen im Hier und Jetzt Rechnung trägt) wie auch die »dritte Welle« des verhaltenstherapeutischen Konzeptes (mit Stichworten wie Achtsamkeit, Akzeptanz, Metakognition und Schemata) sollen in den systemischen Ansatz integriert werden.

Wenn Counselling in der Gesellschaft etabliert werden soll, bedarf es dreierlei: der Emanzipierung von Therapie(-Schulen), der Beschreibung von konkreten Kompetenzen der Profession und der Erarbeitung von Qualitätsstandards. Psychosoziale Beratung muss in das Gesundheits- und Bildungssystem integriert werden. Vom Unternehmen finanziertes Coaching muss ebenso wie Team- und Fallsupervisionen zum Arbeitnehmerrecht werden (wie Urlaub und Krankengeld). Das ist die Vision – und die politische Seite dieser Reihe.

Wie Counselling die Zufriedenheit vergrößern kann, das steht in diesen Büchern; das heißt, die Bücher werden praxistauglich und praxisrelevant sein. Im Sinne der systemischen Grundhaltung des Nicht-Wissens bzw. des Nicht-Besserwissens sind sie nur zum Teil »Beratungsratgeber«. Sie sind hilfreich für die Selbstreflexion, und sie helfen Berater:innen, Coachs und Supervisor:innen dabei, hilfreich zu sein. Und nicht zuletzt laden sie alle *Counsellor* zum Dialog und zum Experimentieren ein.

Dr. Dirk Rohr

Herausgeber der Reihe »Beratung, Coaching, Supervision«

Harald Kurp, Dagmar Hoefs

Teamentwicklung mit Systemischer Autorität

Mit einem Vorwort von Georg Müller-Christ
und einem Nachwort von Katja Stremme

2023

Themenreihe »Beratung, Coaching, Supervision«
hrsg. v. Dirk Rohr
Reihengestaltung: Uwe Göbel
Umschlaggestaltung: B. Charlotte Ulrich
Umschlagfoto und Illustrationen: Andreas Tamme, tonwert21.de, © aha3
Redaktion: Uli Wetz
Satz: Verlagsservice Hegele, Heiligkreuzsteinach
Printed in Germany
Druck und Bindung: CPI books GmbH, Leck

MIX
Papier | Fördert gute Waldnutzung
FSC® C083411
www.fsc.org

CPI klimaneutral
Mehr Bäume.Weniger CO_2

Erste Auflage, 2023
ISBN 978-3-8497-0483-4 (Printausgabe)
ISBN 978-3-8497-8437-9 (ePUB)

Zu diesem Buch steht kostenloses Zusatzmaterial zur Verfügung unter:
https://www.carl-auer.de/teamentwicklung-mit-systemischer-autoritat

Bibliografische Information der Deutschen Nationalbibliothek:
Die Deutsche Nationalbibliothek verzeichnet diese Publikation in der Deutschen Nationalbibliografie; detaillierte bibliografische Daten sind im Internet über http://dnb.d-nb.de abrufbar.

Informationen zu unserem gesamten Programm, unseren Autoren und zum Verlag finden Sie unter: **https://www.carl-auer.de/**.
Dort können Sie auch unseren Newsletter abonnieren.

Carl-Auer Verlag GmbH
Vangerowstraße 14 • 69115 Heidelberg
Tel. +49 6221 6438-0 • Fax +49 6221 6438-22
info@carl-auer.de

Inhalt

Vorwort

Wenn zwei in der Beratung von Organisationen sehr erfahrene Menschen ein Buch vor allem für die Praxis schreiben, kann man die Frage stellen, was ein Wissenschaftler dazu noch sagen soll. Vielleicht: Gut gemacht! Vielleicht: Es gibt Ausbaupotenzial in der Theoriefundierung! Wenn ich meine professorale Haltung verlasse und in die Haltung der Systemischen Autorität gehe, kann ich auf Augenhöhe kommunizieren und sagen: Ich bin gerne dabei, wenn Dagmar Hoefs und Harald Kurp ihre Erfahrungen mit dem Autoritätsdreieck für die Reflexion zur Verfügung stellen, um weiter zu denken, tiefer zu denken und zugleich zugewandter und nützlicher zu denken.

In dieser Haltung sehe ich die Zukunft des Managements und damit vor allem das Potenzial, dass Führungskräfte lernen, sich in einer neuen Haltung der Komplexität dieser Zeit zu widmen. Neue Zeiten brauchen komplexere Begriffe, die das Denken erweitern und andere Handlungen zulassen. Wenn Sie einen Überblick über diese neuen Begriffe und damit über die Erzählung dieses Buches suchen, lesen Sie zuerst das Glossar. Sie erhalten dann sehr schnell einen Eindruck davon, wie sich die Organisationswelt ändern wird.

Zusammen mit Dagmar Hoefs und Harald Kurp habe ich einige Systemaufstellungen rund um das Thema Neue Autorität gemacht und die erkundende Kraft der Aufstellung genutzt, um unser Verständnis über Autorität zu vertiefen. Die Bilder aus diesen Erkundungsaufstellungen bleiben lange im Gedächtnis, arbeiten dort und reichern nach und nach unsere mentalen Karten mit neuen Unterscheidungen an. Einiges davon ist sicherlich auch in dieses Buch eingeflossen, und durch die intensive Reflexions- und Experimentierzeit von Dagmar Hoefs und Harald Kurp sind in den letzten Jahren viele hilfreiche Unterscheidungen entstanden. Vor Ihnen liegt nun ein Werk, das zudem sehr handlungsrelevant sein will und es auch ist. Sie erfahren vieles über die Instrumente, die helfen, Systemische Autorität für die direkte Anwendung in der Praxis zu orchestrieren.

Und doch reicht eine Anwendung der vorgeschlagenen Ansätze und Instrumente nicht aus, um in schwierigen Führungskontexten Systemische Autorität anzuwenden. Wie bei vielen anderen komplexen Situationen auch kommt es ganz wesentlich darauf an, dass Beratende und Führende sich intensiv selbst beobachten, um in eine andere Führungshaltung zu kommen. Wir nähern uns aber nicht paradiesischen Zuständen, wenn wir plötzlich Systemische Autorität leben können. Wir nähern uns nur anders den komplizierten Anforderungen, die Aushandlungsprozesse bei Missverständnissen, Konflikten und Fehlerverfolgung mit sich bringen. Und letztlich wird es immer um diese Aushandlungsprozesse gehen, wenn Menschen in Organisationen gemeinsam Ziele erreichen wollen.

Ein letzter Gedanke zum Schluss: Als Wissenschaftler können wir zunehmend beobachten, dass neues Wissen nicht mehr alleine durch die Wissenschaft in die Welt kommt. Es kommt auch durch Menschen wie Dagmar Hoefs und Harald Kurp in die Welt, die im Kontakt mit der Wissenschaft, aber zumeist doch sehr eigenständig ihre Erfahrungen in neuen, gut strukturierten Ansätzen und Instrumenten zusammenfassen und andere daran teilhaben lassen. Vielleicht kann sich auf diese Art und Weise auch so etwas wie ein systemisches Autoritätsverhalten in der Forschung entwickeln.

Ich wünsche Ihnen hilfreiche Erkenntnisse und tiefere Einsichten beim Lesen des Buches!

Prof. Dr. Georg Müller-Christ
Universität Bremen
Fachgebiet Nachhaltiges Management

Danksagung

Beim Schreiben dieses Buches haben wir vielerlei Unterstützung und Inspiration erfahren. Dafür sind wir sehr dankbar.

Vor allem gilt der Dank Britta, Anika und Lara sowie Peter, Bendix und Stella, die unmittelbar am Schreibprozess mit all seinen Höhen und Tiefen beteiligt waren und uns auf dem Weg bestärkt haben.

Durch Bruno Körner und Martin Lemme haben wir das Konzept *Neue Autorität* kennengelernt. Frank Baumann-Habersack hat uns mit seinen Forschungserkenntnissen inspiriert. Wir sind dankbar für den intensiven kollegialen und freundschaftlichen Austausch, der sich daraus entwickelt hat.

Katja Stremme danken wir für die intensive Zusammenarbeit im gemeinsamen Führungsentwicklungsprozess sowie den kollegialen Austausch zur praktischen Umsetzung *Systemischer Autorität*. Georg Müller-Christ danken wir für die gemeinsame Forschungsarbeit in vielfältigen Aufstellungen zur *Systemischen Autorität*. Beiden gemeinsam danken wir für das Vor- und Nachwort in diesem Buch, als unterstützenden Rahmen aus Wissenschaft und Praxis.

Insbesondere danken wir Elisabeth Kandziora, Andreas Klär, Britta Kurp, Svenja Lindemeier, Katja Stremme und Stefan Tschiersch für ihr begleitendes Lektorat sowie die wertvollen und manchmal auch anstrengenden Rückmeldungen und Impulse im Schreibprozess.

Andreas Tamme danken wir für seine kreative Arbeit bei der fotografischen Umsetzung der Abbildungen.

Wir danken dem Carl-Auer Verlag für das uns entgegengebrachte Vertrauen und die grundlegende Unterstützung bei Planung, Lektorat und all dem, was zur Entstehung und Verbreitung eines Buches gehört.

Wir danken den Lehrenden, von denen wir für unsere Beratung in Theorie und Praxis lernen durften. Stellvertretend dafür seien genannt: Kornelia Rappe-Giesecke, Carla van Kaldenkerken, Roland Kunkel, Haim Omer und Arist von Schlippe.

Abschließend danken wir all den Menschen, die uns in vielfältigen Beratungsprozessen und Fortbildungen ihr Vertrauen entgegengebracht haben. In der gemeinsamen Arbeit konnten wir unseren Ansatz in die Praxis einbringen und in der Theorie weiterentwickeln.

Harald Kurp & Dagmar Hoefs

Einführung

Seit 2014 beschäftigen wir uns mit dem pädagogischen Konzept *Neue Autorität* von Haim Omer und Arist von Schlippe, das Eltern und Erziehende in ihrer Erziehungsverantwortung unterstützt. Unsere ersten Erfahrungen mit dem Konzept flossen direkt in unsere supervisorische Arbeit ein. Gleichzeitig haben wir von Anfang an eine Übertragung auf den Kontext »Organisation und Führung« mitgedacht. In der Folge entwickelten wir daraus unseren Ansatz *Systemische Autorität in Organisation und Führung* und gründeten 2019 *aha3 || Beratung in Organisation und Führung.*

Mit dem Ansatz *Systemische Autorität in Organisation und Führung* wollen wir Menschen und Organisationen in den aktuellen Herausforderungen unterstützen. Gleichzeitig möchten wir für Beratung und Wissenschaft Impulse anbieten, wie die anstehenden Entwicklungen in der Arbeitswelt und damit auch in der Gesellschaft gestaltet werden können.

Durch Globalisierung und Digitalisierung erleben wir nachhaltige Veränderungen in der Arbeitswelt. Standardisierte Arbeitsabläufe werden in ihrer Ausführung immer mehr durch Maschinen ersetzt. Tätigkeiten, die einer Ausführung ohne selbstständiges Denken und Fühlen bedürfen, werden immer weniger durch Menschen praktiziert. Gleichzeitig wächst der Bedarf an qualifiziertem Fachpersonal, insbesondere im Dienstleistungsbereich.

Das Arbeitsinstrument der Beziehungsgestaltung bekommt eine stärkere Bedeutung. Statt Mitarbeitende braucht es Mitwirkende, die teamfähig sind. Der Entwicklungsbedarf an Selbstführung, Empathie- und Kooperationsfähigkeit nimmt zu. Während viele Jahre vor allem die Wirkung im Fokus auf die ökonomischen Ziele der Organisation höchste Priorität hatte, bedarf es heute zugleich der Berücksichtigung von Zielen, die das Wohl der Mitwirkenden, der Klientel und der Gesellschaft nachhaltig in den Blick nehmen.

Für diese Entwicklungen sind unserer Einschätzung nach eine veränderte Haltung in Organisation und Führung notwendig. Führung, die herkömmlich-traditionell von oben nach unten agiert, wird immer weniger anerkannt. Führung, die alles dem Prozess und den Mitwirkenden überlässt, stößt ebenfalls an ihre Grenzen.

Daraus ergeben sich für uns folgende Fragen, auf die wir mit unserem Buch im Fokus auf das Team Antworten geben und so zur Diskussion anregen wollen:

- Welcher Haltung bedarf es für diese Entwicklungen in Organisation und Führung?
- Wie lässt sich diese Haltung im Team entwickeln?
- Wie werden Teams in ihrer Entwicklung unterstützt?

Im ersten Teil des Buches stellen wir unseren Ansatz *Systemische Autorität in Organisation und Führung* (Kapitel 1) dar und beschreiben die für uns dahinter stehenden Grundannahmen (Kapitel 2). *Systemische Autorität* als Haltung in Organisation und Führung stärkt das System und alle Beteiligten in ihrer Entwicklung durch *Sinn- und Zielorientierung, psychologische Sicherheit* und *Selbstreflexion.*

Im zweiten Teil beschreiben wir vier *Instrumente zur Teamreflexion* (Kapitel 3 bis 6), deren Erkenntnisse wir im ersten und dritten Teil aufgreifen. Sie verknüpfen die beiden Teile und betonen die hohe Bedeutung der *Selbstreflexion* für die Teamentwicklung.

Im dritten Teil stellen wir die *Teamentwicklung mit Systemischer Autorität* (Kapitel 7 bis 15) dar. Aufbauend auf dem *aha3-Teammodell* bieten wir in jedem Kapitel, das für jeweils einen Faktor im aha3-Teammodell steht, neben Impulsen aus Theorie und Praxis drei Modelle, Instrumente oder Übungen für die Teamentwicklung an.

Jedes der 15 Kapitel beschließen wir mit zusammenfassenden möglichen *Aha-Momenten.*

Sprache kann entscheidend dazu beitragen eine Haltung zu vermitteln. In diesem Sinne nutzen wir bestimmte Begriffe, die unser Verständnis der *Systemischen Autorität in Organisation und Führung* veranschaulichen. Diese Begriffe sowie die Titel der beschriebenen Modelle, Instrumente, Impulse und Übungen sind *kursiv* hervorgehoben. Im Glossar findet sich eine Kurzbeschreibung sowie die Angabe des Kapitels bzw. Abschnittes, in dem sie näher erläutert werden. Buchtitel, auf die wir verweisen wollen, sind ebenfalls *kursiv* hervorgehoben, erscheinen aber nicht im Glossar.

Wir verweisen im Text auf Erläuterungen in nachfolgenden Kapiteln, wenn es für das Verständnis eine inhaltliche Verbindung gibt.

Von rückwärtigen Verweisen haben wir im Blick auf die Lesbarkeit abgesehen. Dafür lässt sich das Glossar nutzen.

Die Abbildungen in diesem Buch stellen eine Vielzahl an Modellen, Instrumenten, Impulsen und Übungen zur Verfügung. Vieles ist aus der reflektierten Praxis für die Praxis entstanden. Dabei haben wir verschiedene Modelle, Konzepte und Theorien integriert und die uns bekannten Quellen benannt.

Arbeitsblätter zu diesem Buch stehen als Download zur Verfügung.[1] Wir laden ein, die Modelle, Instrumente, Impulse und Übungen in der Praxis für den je eigenen Kontext kreativ zu nutzen.

1 Siehe https://www.carl-auer.de/teamentwicklung-mit-systemischer-autoritat.

1 Systemische Autorität in Organisation und Führung

In Kapitel 1 beschreiben wir die Entwicklung unseres Ansatzes *Systemische Autorität in Organisation und Führung.*

Dafür:

- setzen wir uns mit dem Begriff »Autorität« auseinander (Abschn. 1.1)
- stellen wir drei Autoritätshaltungen dar (Abschn. 1.2)
- verdeutlichen wir die Autoritätshaltungen mit der Beschreibung der *aha3-Haltungs- und Handlungsfelder* (Abschn. 1.3)
- haben wir das *Autoritätsdreieck* entwickelt, mit dem sich die drei Autoritätshaltungen reflektieren lassen (Abschn. 1.4)
- beschreiben wir die Bedeutung der Wirkung im *Autoritätsdreieck* (Abschn. 1.5)
- verweisen wir auf die Bedeutung der Einsicht (Abschn. 1.6)
- begründen abschließend unsere Entscheidung für die Nutzung des Begriffes *Systemische Autorität* (Abschn. 1.7).

Anschließend erläutern wir in Kapitel 2 Grundannahmen, die hinter unserem Ansatz *Systemische Autorität in Organisation und Führung* stehen.

Dazu gehören:

- das dahinter stehende Menschenbild, da es sich darauf auswirkt, mit welcher Haltung wir auf die Welt schauen (Abschn. 2.1)
- eine Vergewisserung bezüglich dessen, was an *Systemischer Autorität* systemisch ist (Abschn. 2.2)
- Begriffsunterscheidungen, die in der Sprache die Haltung *Systemischer Autorität* verdeutlichen (Abschn. 2.3).

1 Die Entwicklung Systemischer Autorität

1.1 Was ist Autorität?

Autorität leitet sich ab vom lateinischen auctoritas. Es bezeichnet die Würde oder das Ansehen, das einer Person, Gruppe oder Organisation zugeschrieben wird und wonach Personen, Gruppen oder Organisationen ihr Denken und Handeln richten.

Der Begriff Autorität ist bei einigen Menschen mit negativen Erfahrungen verbunden, bei anderen weckt er positive Bilder, und für viele ist er ambivalent besetzt. Nur für wenige Menschen hat Autorität eine rein sachliche Konnotation.

Die negativen Konnotationen liegen meist begründet in einem Erleben von Autorität als autoritär.

Personen, Gruppen oder Organisationen, die wir als Autorität autorisieren, folgen wir freiwillig. Zwingt uns eine (scheinbare) Autorität, ihr zu folgen, handelt sie autoritär und kann dadurch ihre Bezeichnung als Autorität verlieren.

Wenn wir das Wesen von Autorität reflektieren, sind die Struktur der Autorität und ihr gesellschaftlicher Kontext von Bedeutung. Wir teilen die Auffassung von Winfried Kretschmann, der in einem Interview sagt: »Eine Autorität, die sich legitimiert und für die es gute Gründe gibt, bleibt unerlässlich – in der Erziehung, in der Gesellschaft, in der Politik« (Fuss 2018, S. 32). Mit dieser Aussage antwortet er im Gespräch mit Holger Fuss auf die Frage, wieso er – als Mitglied der 68er, die jede Autorität ablehnten – heute meint, dass Demokratie Führung braucht.

Ähnlich sieht es Verhaeghe. Für ihn stellt sich nicht die Frage, ob wir Autorität benötigen, sondern in welcher Form. Er verweist auf Hannah Arendt, nach der »eine Gesellschaft ohne Autorität nicht bestehen (kann), denn Autorität regelt die zwischenmenschlichen Beziehungen« (Verhaeghe 2016, S. 56). Verhaeghe geht der zentralen Frage nach, welche Form von Autorität wir heute benötigen, um die gesellschaftlichen Herausforderungen zu bewältigen.

Autorität beruht laut Verhaeghe auf einer dreipoligen Struktur (siehe Abb. 1).

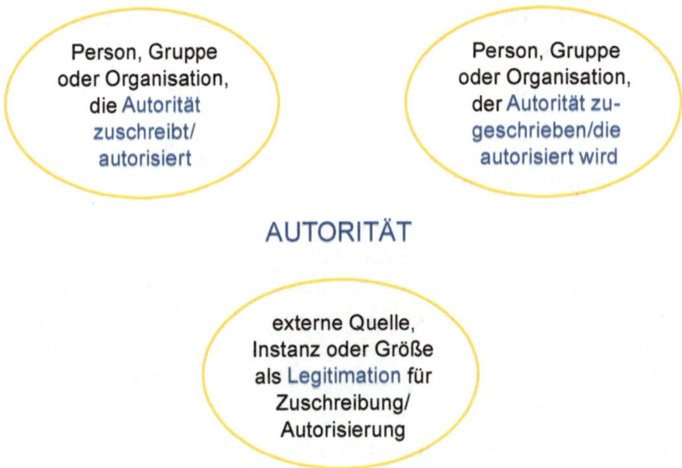

Abb. 1: Dreipolige Struktur von Autorität

Die drei Pole sind:

1) Eine Person, eine Gruppe oder eine Organisation schreibt Autorität zu/autorisiert und folgt freiwillig.
2) Es bedarf einer Person, einer Gruppe oder einer Organisation, der Autorität zugeschrieben wird bzw. die autorisiert wird. Sie hat dann das Sagen, man glaubt und vertraut ihr.
3) Die Zuschreibung erfolgt aufgrund einer externen Quelle, Instanz oder Größe. Dabei handelt es sich um gesellschaftliche Werte, die bedingt sind durch den jeweiligen Kontext (vgl. Verhaeghe 2016, S. 50 ff.).

Die Bedeutung dieser Werte bestimmt den Glauben oder das Vertrauen an oder in die Autorität. Wenn diese Werte im System an Bedeutung verlieren, schwindet die Legitimation der Autorität. Autorität, die ohne Autorisierung, das heißt, die ohne entsprechende Zuschreibung und Legitimation handelt und dieses Handeln mit Gewalt durchsetzt, wird als autoritär erlebt. Ihr wird dann nicht mehr freiwillig gefolgt, und sie wird als Unterwerfung durch Macht erlebt. Das Vertrauen wird zerstört und Autorität an sich in Frage gestellt. Das heißt,

> »für sich allein kann man keine Autorität haben, welche Qualität man auch besitzt. Autorität verleihen einem Dritte, und das auf einer festen Basis: dem Glauben an das zugrunde liegende System« (Verhaeghe 2016, S. 58).

Die Visualisierung der *dreipoligen Struktur von Autorität* verwenden wir in Supervision oder im Coaching, um Beziehungssysteme in Organisationen zu reflektieren, wie am folgenden Fallbeispiel deutlich wird.

> In einer Teamsupervision schilderte die Stationsleitung in einem Krankenhaus folgende Situation:
>
> Ein Assistenzarzt zeigte wenig Empathie im Umgang mit den Patienten, hatte fachlich fragliche Entscheidungen getroffen und behandelte die Pflegekräfte herablassend. Als jahrelang erfahrene Stationsleitung mit einer ausgewiesenen fachlichen Expertise und hoher Empathie im Umgang mit den Patienten sah sich die Stationsleitung jedoch nicht in der Lage, die zunehmend angespannte Situation auf der Station gegenüber dem Assistenzarzt anzusprechen.
>
> Im Rahmen der Teamsupervision erkannte sie mithilfe einer Aufstellung der dreipoligen Struktur von Autorität, dass sie dem Assistenzarzt Autorität zugeschrieben und sich selbst zugleich die Autorität abgesprochen hatte. Bedingt durch ihre Geschichte, in der Ärzte als »Götter in Weiß« galten, hatte sie den Assistenzarzt so autorisiert, dass sie sich ihm unfreiwillig unterworfen hatte und damit nicht mehr handlungsfähig war.

1.2 Drei Autoritätshaltungen

In unseren Beratungsprozessen begegneten uns verschiedene Haltungen zur Autorität. Wir stellten fest, dass ein Wahrnehmen der Haltung und der damit einhergehenden Werte maßgeblich zum Erfolg eines Beratungsprojektes beigetragen haben. Für unsere weitere Beratungs- und Entwicklungsarbeit haben wir uns auf drei Haltungen fokussiert.[2]

Die *Autoritätshaltung 1* (im Weiteren *A1*) war bis in die 70er-Jahre vorherrschend. Regeln, Kontrolle und Grenzen hatten einen hohen Wert, da sie für Ordnung und Sicherheit sorgten, wenn auch des Öfteren durch Unterwerfung. Autorität war nicht verhandelbar. Die Tradition, eine höhere Wahrheit/Gott und die Angst vor der Strafe/Hölle bildeten seit Jahrhunderten die Grundlage dieser Autorität. Catherine Newmark verweist in ihrem Buch *Warum auf Autoritäten*

2 Mit den drei Haltungen beziehen wir uns auf die Autoritätshaltungen und ihren historischen Kontext in Westdeutschland, so wie es Haim Omer und Arist von Schlippe (2010, S. 23 ff.), Frank Baumann-Habersack (2015, S. 73 ff.) und Paul Verhaeghe (2016) beschrieben haben.

hören (Newmark 2020) auf den Dreiklang Gott – König – Vater, der jahrhundertelang ein patriarchales Autoritätsverständnis legitimierte. Entsprechend galten in logischer Folge im Dorf der Pfarrer, der Lehrer, der Arzt und der Bürgermeister als Autoritäten.

In Organisationen wurde die Struktur abgebildet durch die Pyramide. Hierarchische Leitungsebenen von oben nach unten gaben Orientierung durch Vorgabe und Ausführung. Leitung legitimierte sich aus der Funktion in der Hierarchie. Mitarbeitende hatten eine geringe Verantwortungsbeteiligung.

Die *Autoritätshaltung 2* (im Weiteren *A2*) entwickelte sich im Aufbruch der 68er-Bewegung. Mit der sozialen Revolte, ausgehend von den Universitäten, wurde die Tradition als Wert und damit auch klassische Autoritäten infrage gestellt. Mit dem Einzug der antiautoritären Bewegung in die Erziehung stand die Entwicklungsautonomie des Kindes im Vordergrund mit den Idealen »Eigenständigkeit« und »freie Entwicklung«. Zum Teil führte dies dazu, dass keine Erziehung mehr stattfand.

In Organisationen entstanden abgeflachte Strukturen. Teamarbeit rückte in den Vordergrund. Soziale Organisationen, die sich in dieser Zeit entwickelten, wurden basisdemokratisch strukturiert. Eine offizielle Leitungsrolle und damit legitimierte Autorität Einzelner wurde abgelehnt. Es galt das Ideal von Gleichheit und Partnerschaftlichkeit.

In den 90er-Jahren bildete sich in der Erziehung ein Gegeneinander heraus zwischen einem rigiden Zurück zu *A1* und einer kindlichen Selbstüberhöhung aus der Sichtweise von *A2*. Dies führte bei allen Beteiligten zu Verunsicherungen, die durch die Auflösung klassischer Familienbeziehungen und die Entgrenzung der Arbeitswelt verstärkt wurden.

Hier setzt die *Autoritätshaltung 3* (im Weiteren *A3*) an, für die Haim Omer und Arist von Schlippe mit ihrem Konzept *Neue Autorität* stehen. Sie schafft eine Legitimation für Autorität, deren Quelle eine Präsenz ist, die auf Gewaltlosigkeit ausgerichtet ist. In Abgrenzung zu *A1* formulieren Haim Omer und Arist von Schlippe mehrere Bausteine als Positionen von *A3* (2010, S. 204 ff.). Martin Lemme und Bruno Körner benennen in der Weiterentwicklung des Ansatzes *Neue Autorität* neben der Präsenz als zentrales Element sechs Haltungs- und Handlungsaspekte (2018), in die sie die Bausteine von Haim Omer und Arist von Schlippe aufnehmen.

Haben die oben genannten Mitbegründer des Konzeptes der *Neuen Autorität* dieses Konzept bisher als Antwort auf Autoritätsfragen in der Erziehung gesehen, so wird zunehmend deutlich, dass in der Folge der gesellschaftlichen Entwicklungen auch Organisationen vor ähnlichen Fragestellungen in der Führung ihrer Mitwirkenden stehen. Die neuen Generationen, die mit der Infragestellung der Werte und Positionen aus *A1* durch die veränderte Orientierung von *A2* aufgewachsen sind, passen sich nicht mehr widerstandslos den alten Strukturen an. Hier überträgt Frank Baumann-Habersack den Ansatz der *Neuen Autorität* auf den Kontext »Organisation und Führung« und benennt sieben Elemente als Fundament einer neuen Haltung in Führung. Die Präsenz ist für ihn eines dieser Elemente (2015). Auch verdeutlicht er noch einmal 2019 die Elemente vor allem in der Gegenüberstellung zu der Haltung *A1* (2019, S. 368).

1.3 aha3-Haltungs- und Handlungsfelder

Zur Verdeutlichung von *A1, A2* und *A3* haben wir die Tabelle *Drei Autoritätshaltungen* (siehe Abb. 2) entwickelt, indem wir Begriffe nebeneinanderstellen, mit denen wir die jeweiligen Haltungen idealtypisch beschreiben. Dabei haben wir bestehende Beschreibungen, die Bausteine, die Haltungs- und Handlungsaspekte sowie die Elemente der oben genannten Haltungen aufgegriffen. Bei der Ergänzung der Begriffe haben wir eine Dreierstruktur gewählt, um eine definitorische Geschlossenheit und ein Entweder-oder zu vermeiden. Auf der Basis unserer Beratungserfahrungen und der kollegialen Reflexion haben wir einige Begriffe für den Kontext »Organisation und Führung« anders formuliert, wie zum Beispiel »Gegenüber« und »Klarheit« statt »Widerstand«.

Den Begriff »alt« für *A1* verwenden wir in der Tabelle nicht mehr. Den Begriff »Neue« für *A3* haben wir in dieser Tabelle in Anführungszeichen gesetzt, da er für sich keine inhaltliche Beschreibung ausdrückt. Wir folgen darin Paul Verhaeghe, der in dem Ansatz der *Neuen Autorität* von Haim Omer und Arist von Schlippe eine praktische Antwort darauf sieht, welcher Form der Autorität es heute bedarf (vgl. Verhaeghe 2016, S. 148 ff.). Jedoch ersetzt er das Wort »neu« durch »kollektive« oder »geteilte« Autorität, denn »›Neu« ist in ein paar Jahren schon verschlissen und lässt keine inhaltlichen Schlüsse zu« (ebd., S. 238).

A1 traditionelle/hierarchische/ vertikale/patriarchale/ autoritäre Autorität	A2 verweigerte/antiautoritäre/ horizontale/abwesende/ selbstbestimmte Autorität	A3 „Neue"/geteilte/ verbindende/transformative/ systemische Autorität
Autorität durch Tradition Respekt vor der Funktion eigene Ziele im Fokus	Autonomie ohne Autorität Gleichheit im Miteinander andere/keine Ziele im Fokus	Autorität durch Präsenz Verantwortung für die Beziehung gemeinsame Ziele im Fokus
belehren bewerten durchsetzen	Reflexion der anderen moralisierend keine Entscheidung	Selbstreflexion Werte Entscheidung
Führung als Selbstzweck Kontrolle Unmittelbarkeit	führungslos Kontrollverlust Beliebigkeit	Selbstführung Selbstkontrolle Deeskalation
Hierarchie Konkurrenz Alleingang	egalitär Grüppchenbildung alleinlassen	Vernetzung Kooperation Unterstützung
Verschwiegenheit Willkür Ansage	Vertraulichkeit Empörung stille Post	Transparenz Öffentlichkeit Kommunikation
Druck Gehorsam Instrumentalisierung	Gleichgültigkeit aussitzen Vernebelung	Gegenüber Beharrlichkeit Klarheit
Sanktionen Regeln Vergeltung	folgenlos ungeregelt Ablehnung	Wiedergutmachung Beziehungsgesten Ausgleich

Abb. 2: Drei Autoritätshaltungen

Aus den Begriffen in der Tabelle unter *A3* haben wir das Modell *aha3-Haltungs- und Handlungsfelder* (siehe Abb. 3) entwickelt.

Im Zentrum der *aha3-Haltungs- und Handlungsfelder* steht für uns die *Führungspräsenz*[3]. Sie emergiert aus den sechs umliegenden Feldern. Das heißt, eine Teamleitung, ein Teammitglied, ein Team oder auch eine Organisation kann ihre *Führungspräsenz* in den *aha3-Haltungs- und Handlungsfeldern* in Quantität und Qualität gestalten und verändern. Die *Führungspräsenz* hat damit für uns eine andere Qualität als die sechs Haltungs- und Handlungsfelder, da sie aus ihnen heraus entsteht.

Der Begriff der Haltungs- und Handlungsfelder drückt für uns aus, dass es in der menschlichen Interaktion von Bedeutung ist, mit welcher Haltung wir handeln. Dies vertiefen wir im Folgenden in der Darstellung des *Autoritätsdreiecks*. Da ein Handeln mit Haltung nicht im luftleeren Raum entsteht, haben wir den Begriff des Feldes

3 Mit der Verortung der *Führungspräsenz* im Zentrum, die aus den Haltungs- und Handlungsfeldern emergiert, fühlen wir uns einerseits mit Bruno Körner und Martin Lemme verbunden, die in ihrem Buch *Die Kraft der Präsenz* (2022) ebenfalls die Präsenz stärker in den Mittelpunkt stellen, und andererseits verweist der Begriff auf die Anfänge der *Neuen Autorität* in Deutschland, als Haim Omer sie in einem Vortrag an der Universität Osnabrück als »Konzept elterlicher Präsenz« (2002, S. 15) vorstellte.

Abb. 3: aha3-Haltungs- und Handlungsfelder

genommen, in dem *Führungspräsenz* aus *A3* heraus Begegnung und Entwicklung ermöglichen kann.

Bei der Anzahl der Haltungs- und Handlungsfelder (sechs plus eins) haben wir uns an den bestehenden Konzepten orientiert.

In Kurzform drücken die *aha3-Haltungs- und Handlungsfelder* mit der *Führungspräsenz* im Zentrum aus:

- Ich bleibe hier, auch wenn es schwierig wird (*Selbstreflexion-Werte-Entscheidung*).
- Ich sorge für Deeskalation und werde keine Gewalt anwenden (*Selbstführung-Selbstkontrolle-Deeskalation*).
- Ich bleibe nicht allein, ich hole mir Unterstützung (*Vernetzung-Kooperation-Unterstützung*).
- Ich mache mein Handeln öffentlich, zum Schutz für alle Beteiligten (*Transparenz-Öffentlichkeit-Kommunikation*).
- Ich muss das nicht sofort klären, werde aber beharrlich dranbleiben (*Gegenüber-Klarheit-Beharrlichkeit*).
- Ich habe am Gegenüber Interesse und bleibe in der Beziehung (*Wiedergutmachung-Beziehungsgesten-Ausgleich*).

In der Beratungstätigkeit sind die *aha3-Haltungs- und Handlungsfelder* für uns ein hilfreiches Modell dafür, anstehende Handlungsschritte mit einem Verständnis von *A3* für die Praxis zu reflektieren. Indem wir die einzelnen Haltungs- und Handlungsfelder gemeinsam in der Beratung durchgehen, werden Strategien sichtbar, die zur Stärkung der *Führungspräsenz* beitragen können. In der Arbeit sowohl mit Führenden als auch mit Teams oder Organisationen nutzen wir dafür das Arbeitsblatt (AB) *Haltungs- und Handlungsfelder Praxis* (siehe Abb. 4).

Haltungs- und Handlungsfelder

Feld: ....

1) Wie können wir in diesem Feld tätig werden? Wie kann ich in diesem Feld tätig werden? Haltet die Antworten mit **Schwarz** stichwortartig fest.
2) Woran bemerken wir es im Team? Woran bemerkt es mein Team? Haltet die Antworten mit Grün stichwortartig fest.
3) Woran bemerken es Einzelne oder Organisationen, mit denen wir kooperieren? Haltet die Antworten mit Blau stichwortartig fest.
4) Woran bemerkt es unsere Klientel? Haltet die Antworten mit Rot stichwortartig fest.

Abb. 4: AB Haltungs- und Handlungsfelder Praxis

Bei jedem Feld lassen sich in Bezug auf eine konkrete Tätigkeit die vier Perspektiven durchspielen. Die Beantwortung der vier Fragen eröffnet meistens eine Vielzahl von neuen Handlungsmöglichkeiten.

1.4 Das Autoritätsdreieck

Ist das *Autoritätsdreieck* zunächst entstanden zu dem Zweck, einen Reflexionsraum für Autoritätshaltungen zu eröffnen, so haben wir daraus inzwischen ein Modell entwickelt, welches verschiedene Aspekte unserer Überlegungen integriert und modellhaft darstellt. Zugleich ist das *Autoritätsdreieck* ein Instrument, das in Beratungsprozessen zur Reflexion und Klärung genutzt werden kann.

Basis des *Autoritätsdreiecks* sind die drei *Autoritätshaltungen A1, A2* und *A3*, wie im Abschnitt 1.2 beschrieben.

In der Praxis verwenden wir die Übung zu den drei *Autoritätshaltungen* (siehe Abb. 5), um das *Autoritätsdreieck* mithilfe von drei Bodenankern im Raum entstehen zu lassen.[4]

Übung zu drei Haltungen mit zwei Rollen (A = Mitarbeitende; B = Leitung)

1) Auf Widerstand folgt Druck (symmetrischer Konflikt – Rigidität).

- Stellt euch gegenüber, und haltet die Handflächen gegeneinander. A versucht, B wegzudrücken. B hält dagegen, so stark es geht.

➢ Nehmt wahr, wie es euch jeweils ergangen ist. Haltet fest, welche Emotionen/Bilder/Gedanken ihr wahrgenommen habt. Wechselt anschließend die Rollen.

2) Auf Widerstand folgt Nachgeben (komplementärer Konflikt – Diffusion).

- Stellt euch gegenüber, und haltet die Handflächen gegeneinander. A versucht, B wegzudrücken. B hält überhaupt nicht dagegen, sondern weicht zurück, sodass A ins Leere läuft.

➢ Nehmt wahr, wie es euch jeweils ergangen ist. Haltet fest, welche Emotionen/Bilder/Gedanken ihr wahrgenommen habt. Wechselt anschließend die Rollen.

3) Auf Widerstand folgt …

- Stellt euch gegenüber, und haltet die Handflächen gegeneinander. A versucht, B wegzudrücken. B versucht, jetzt anders mit dem Druck umzugehen: Weder hält B dagegen, noch weicht B zurück. Es ist ein eher spielerisches Ausprobieren, ohne gewinnen zu wollen.

➢ Nehmt wahr, wie es euch jeweils ergangen ist. Haltet fest, welche Emotionen/Bilder/Gedanken ihr wahrgenommen habt. Wechselt anschließend die Rollen.

Abb. 5: Übung zu drei Autoritätshaltungen

Während der Übung lassen wir die Wahrnehmungen auf Karten schreiben und legen diese im Raum so auf den Boden, dass ein Dreieck entsteht und in der Folge ergänzt wird (siehe Abb. 6).

Im nächsten Schritt verbinden wir die oben beschriebenen Haltungen und die zugehörigen Begriffe mit den auf dem Boden visualisierten Wahrnehmungen aus der Übung. Die Raumanker werden von uns als *A1, A2, A3* für die jeweiligen dahinterstehenden Haltungen benannt. Die Zuordnungen und Begriffe aus der Tabelle zu drei

4 Wir haben die Übung zur Darstellung von Eskalationsdynamiken im Rahmen der Ausbildung beim Systemischen Institut für Neue Autorität (SyNA) kennengelernt und auf unseren Kontext übertragen.

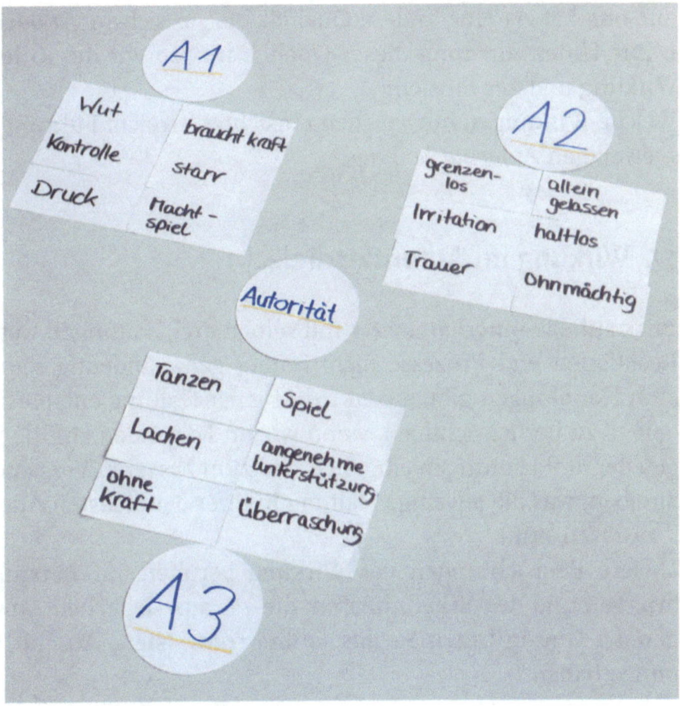

Abb. 6: Visualisierung Autoritätsdreieck

Autoritätshaltungen (siehe Abb. 2) können weitere hilfreiche Gedankenanstöße für die Reflexion geben.

Das sich so im Raum abbildende Dreieck bezeichnen wir als *Autoritätsdreieck.*

Mit ihm lässt sich die eigene Haltung in einer konkreten Situation reflektieren. Dabei geht es darum, bei sich selbst wahrzunehmen, welche Anteile der drei Haltungen zum Tragen kommen. Hierfür wird das auf dem Boden dargestellte *Autoritätsdreieck* als Aufstellungsrahmen genutzt, in dem sich die jeweilige Person mit ihrer Haltung verortet.

Wenn wir in Fortbildungen das *Autoritätsdreieck* vorstellen, kommt an dieser Stelle oft die Frage »Ist *A3* nicht eine gute Mischung von *A1* und *A2*?« oder der Ausspruch »Ja prima, dann nutze ich je nach Situation ein bisschen von *A1*, *A2* oder *A3*«. Demnach hätte *A3* die gleiche Qualität wie *A1* und *A2* und es käme nur auf die rechte Mischung an.

Für uns hat *A3* eine andere Qualität, als sie sich in *A1* oder *A2* zeigt. Zur Unterscheidung dieser Qualität nutzen wir die Kriterien der Wirkung und der Einsicht:

Welche Wirkungen mit welchen Einsichten erreicht Führung mit ihrer jeweiligen *Autoritätshaltung*?

1.5 Wirkung im Autoritätsdreieck

Mit Blick auf das *Autoritätsdreieck* mit seinen drei Haltungen werden die Reaktionen und Prozesse nicht immer ganz eindeutig sein, da es kaum Handlungen gibt, die zu 100 % einer Haltung entsprechen. Das gilt es zu berücksichtigen, wenn wir im Folgenden auf die Wirkungen der drei Haltungen eingehen und zum besseren Verständnis beschreiben, was die jeweilige Haltung in ihrer deutlichsten Ausprägung auslösen kann.

Unsere Beobachtungen der Wirkung beruhen auf Beratungserfahrungen und den Erkenntnissen, die wir aus vielfachen Anwendungen der Übung *Lassen Sie uns darüber reden!* (siehe Abschn. 15.1) gewonnen haben.

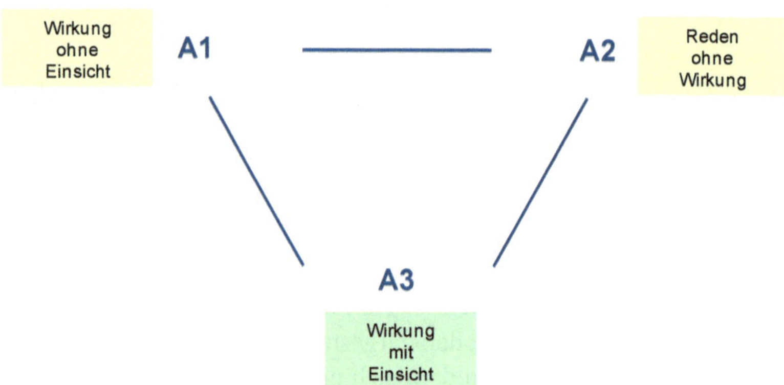

Abb. 7: Wirkung im Autoritätsdreieck

1.5.1 A1: Wirkung ohne Einsicht

A1 kann zu einer *Wirkung ohne Einsicht* (siehe Abb. 7) führen. *A1* in seiner autoritärsten Ausprägung kann Unterwerfung, Widerstand oder Flucht auslösen. Im Zusammenhang mit massiver Beschämung kann es sogar zu Erstarrung und Traumatisierungen kommen. Das Vertrauen im System wird dann nachhaltig gestört. Es entsteht eine Atmosphäre, die von Angst geprägt ist und in der die *psychologische Sicherheit* nicht mehr gegeben ist (siehe Abschn. 1.6.2). Das Zugehörigkeitsgefühl kann abnehmen, und in der Folge kann eine Entsolidarisierung zwischen den Mitarbeitenden stattfinden, in der es zu gegenseitigen Schuldzuschreibungen kommt.

So ein Vertrauensverlust und die dabei entstehende Unsicherheit im System können Lernprozesse verhindern, in denen sich Menschen in ihrer *Person, Funktion* und *Profession* weiterentwickeln (siehe Abschn. 11.1).

Dann kann es sein, dass Mitarbeitende unter Androhung von Konsequenzen ihre Tätigkeiten zwar ausführen, zugleich jedoch überlegen, wie sie sich für diese Unterwerfung revanchieren können. Meistens ist dies verbunden mit einer innerlichen Kündigung.

Mitarbeitende, die in einer *A1-Kultur* sozialisiert wurden, können (unbewusst) selbst diese Haltungs- und Handlungsmuster in den Kontexten übernehmen, in denen sie als Führung gefragt sind.

1.5.2 A2: Reden ohne Wirkung

A2 ist gekennzeichnet von *Reden ohne Wirkung* (siehe Abb. 7). In dieser Kultur reden die Teammitglieder viel miteinander, es wird reflektiert, und alle sind in einem guten Austausch, aber das Wirkungsziel ist nicht präsent. Es fehlt eine Führung, die dafür sorgt, dass die Ziele im Blick sind, oder die darauf hinweist, wenn Ziele angepasst werden müssen. Ein Erleben von abwesender Führung aus *A2* kann für Frustration, Ärger und Überforderung sorgen. In den gruppendynamischen Prozessen, die durch das Führungsvakuum ausgelöst werden, lässt sich beobachten, wie Beteiligte miteinander konkurrieren oder sich gegenseitig Verletzungen zufügen. Führung, die aus *A2* heraus agiert, wird durchaus kollegial akzeptiert, aber in ihrer Führungsrolle nicht respektiert. Um die Arbeitsanforderungen zu bewältigen, beginnt das Team, sich selbst zu organisieren. Es entstehen informelle Strukturen mit kleinen Untergruppierungen, die ohne Führung oder zum Teil auch gegen Führung funktionieren.

Die zunehmende Orientierungslosigkeit im System führt auch hier zu Vertrauensverlust und Verunsicherung, die ebenso die Handlungsfähigkeit einschränken kann, wie bei einer *A1-Kultur* beschrieben.

1.5.3 A3: Wirkung mit Einsicht

Führung aus *A3* heraus ermöglicht eine *Wirkung mit Einsicht* (siehe Abb. 7). Sie führt mit einer bewussten *Führungspräsenz* in den *aha3-Haltungs- und Handlungsfeldern*. Dabei übernimmt sie Verantwortung für:

- die *psychologische Sicherheit* (siehe Abschn. 1.6.2)
- die *Sinn- und Zielorientierung* (siehe Abschn. 9.1)
- die *Selbstreflexion* in und mit dem Team (siehe Kap. 3 bis 6).

Dadurch werden Räume geschaffen, in denen *Momente der Einsicht* entstehen können, die eine Entwicklung des ganzen Teams und der einzelnen Teammitglieder ermöglichen.

1.6 Momente der Einsicht

Bei *Momenten der Einsicht* unterscheiden wir drei Möglichkeiten der Einsicht. Zum einen sind es die spontanen *Aha-Momente* der Einsicht. Als Zweites gibt es eine *Einsicht durch Einsehen*, in deren Folge es Sinn ergibt, unser Verhalten zu verändern. Als Drittes ist es die *Eine-Sicht*, bei der wir gemeinsam eine Sicht auf die Ziele wahrnehmen.

1.6.1 Einsicht durch Aha-Momente

Einsicht als *Aha-Moment* ist die Erfahrung, in der wir Zusammenhänge, die unklar waren, plötzlich begreifen. In dem Sinne ist Einsicht

> »ein kreativer Durchbruch, der unser Leben und unsere Geschichte mit Energie auftankt […]. Aha-Momente plötzlicher Klarheit. Sie können unser Leben verändern – und tun das auch« (Kounios 2015, S. 17).

John Kounios und Mark Beeman schildern in ihrem Buch *Das Aha-Erlebnis* (2015), was die Wissenschaft über die Entstehung plötzlicher Einsichten weiß. Sie unterscheiden zwischen analytischem und einsichtsvollen Denken mit *Aha-Momenten*:

- Analytisches Denken erfolgt vor allem in der linken Gehirnhälfte, scannt eine Situation mit den bisherigen Erfahrungen und Erkenntnissen ab und leitet daraus ein bisher bewährtes oder erwünschtes Verhalten ab.

- Einsichtsvolles Denken hingegen erfolgt überwiegend in der rechten Gehirnhälfte. Es schenkt die Freiheit, Möglichkeiten außerhalb des Bekannten in Betracht zu ziehen und in der Folge neues Verhalten auszuprobieren.

Von Interesse für die Wirkung der verschiedenen Autoritätshaltungen sind in diesem Zusammenhang die Untersuchungen der Autoren zur Androhung von Strafen oder Konsequenzen:

> »Die Androhung von Strafen oder Verlusten, die mit dem Nichteinhalten einer Frist verbunden sind, verursachen eventuell Angst und eine Vermeidungsmotivation, die [Menschen] in eine analytische Geisteshaltung drängen« (ebd., 226).

Dies lässt vermuten, dass *A1*, die mit Kontrolle und Strafe bzw. Konsequenzen arbeitet, nicht förderlich ist für einsichtsvolles Denken.

Einsichtsvolles Denken bekommt eine immer stärkere Bedeutung, da wir mit zunehmender Komplexität Herausforderungen begegnen, bei der rein analytisches Denken an seine Grenzen stößt. Die Fähigkeit der rechten Gehirnhälfte zu entfernten Assoziationen und alternativen Interpretationen ist dabei ausschlaggebend für eine Einsicht, die mit Komplexität konstruktiv umgehen kann, wenn sie einen sicheren Rahmen hat. Das heißt nicht, dass das analytische Denken ausgedient hat:

> »Das echte Leben erfordert jedoch oft sowohl entfernte als auch enge Assoziationen, einsichtsvolles ebenso wie analytisches Denken. In der Welt [...] muss eine Einsicht vielleicht bewertet, bestätigt, verfeinert und umgesetzt werden, und dazu muss auch die analytischere linke Gehirnhälfte ihren Beitrag leisten. Genauso, wie Sie für Ihre Sprachfähigkeit zwei intakte Hemisphären benötigen, brauchen Sie auch beide für eine effektive, praktische, kreative Leistung. Es ist jedoch die rechte Hemisphäre, die den Funken liefert [dafür], das kreative Feuer zu entfachen« (ebd., S. 108 f.).

A3-Führung im Team kann dieses kreative Feuer entfachen und nutzt es konstruktiv. Sie sichert einen Rahmen, in dem *Aha-Momente* der spontanen Einsicht möglich sind. Die Kultur von Teams mit vielen *Aha-Momenten* ist oft geprägt durch eine gemeinsame Sicht auf die Ziele, geklärte Strukturen und ein hohes Vertrauen.

1.6.2 Einsicht durch Einsehen

Anders als bei einem *Aha-Moment* der Einsicht entsteht die *Einsicht durch Einsehen* nicht spontan, sondern erfolgt durch einen Reflexions- und Entwicklungsprozess. Für eine *Einsicht durch Einsehen* ist ein Rahmen notwendig, in dem fehlerhaftes Verhalten offen und angstfrei benannt werden kann und der es ermöglicht, belastende Emotionen konstruktiv zu bearbeiten.

Dafür halten wir das Modell der *Autonomen Leiter*, das Wissen über den Ansatz der *psychologischen Sicherheit* und die Bedeutung der Schamregulierung für hilfreich.

Autonome Leiter

Die *Autonome Leiter* wurde von Deb Dana für die Arbeit mit der *Polyvagal-Theorie* entwickelt (vgl. 2018, S. 23–30). Die *Polyvagal-Theorie* des Neurowissenschaftlers Stephen Porges (vgl. 2010) bietet eine Hilfe zu verstehen, wie emotionale Überforderungen sich auf das autonome Nervensystem auswirken können und welcher Unterstützung es bedarf. Porges erklärt die Bedeutung des *autonomen Nervensystems* (*ANS*) für die Handlungen von Menschen, abhängig von ihrem Sicherheitsgefühl. Das *ANS* wirkt wie ein inneres Sicherheitsradarsystem und löst automatisch Reaktionen aus, die in bestimmten Mustern agieren. Da dies nicht kognitiv geschieht, lässt es sich

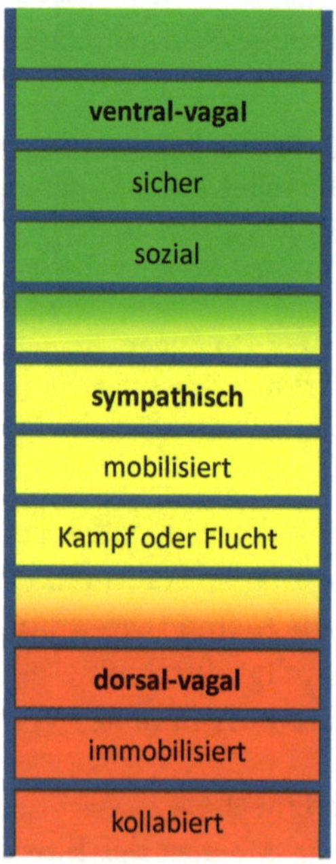

Abb. 8: Autonome Leiter (nach Deb Dana)

im Moment der Verunsicherung selbst schwer steuern. Das Ziel des *ANS* »ist, uns zu schützen, indem es Situationen als sicher oder gefährlich identifiziert und Augenblick für Augenblick lauscht, was in unserem Körper, um ihn her und in unserem Austausch mit anderen Menschen geschieht« (Dana 2018, S. 23).

Die *Autonome Leiter* (siehe Abb. 8) hat drei verschiedene Bereiche, in denen jeweils einer der drei Nervenzweige des *ANS* aktiviert wird. Wir haben die Abbildung der *Autonomen Leiter* von Deb Dana (2018, S. 26) übernommen und sie zusätzlich mit den Farben Grün (ventral-vagal), Gelb (sympathisch) und Rot (dorsal-vagal) visualisiert.

Autonome Leiter – grüner Bereich

Im oberen Drittel der *Autonomen Leiter* wirkt der ventrale Vaguspfad des parasympathischen Zweiges. Er wird aktiviert durch Signale von Sicherheit, die mit allen Sinnen aufgenommen werden. Der ventrale Vaguspfad ermöglicht eine soziale Verbundenheit, in der Emotionen funktional wahrgenommen werden können und sich alle Beteiligten als handlungsfähig erleben.

Teams im grünen Bereich erleben eine Verbundenheit, in der sich alle Teammitglieder sicher fühlen. Teammitglieder, die sich in diesem Bereich befinden, sind emotional arbeitsfähig und kognitiv für Verfahren wie Teamentwicklung ansprechbar.

Aha-Momente der Einsicht entstehen vor allem im grünen Bereich der *Autonomen Leiter*.

Autonome Leiter – gelber Bereich

In der Mitte der *Autonomen Leiter* wirkt der sympathische Zweig des *ANS*. Er wird aktiviert bei der Wahrnehmung von Gefahr und sorgt für aktive Bewegung durch Flucht oder Angriff. Menschen spüren, meist zunächst unbewusst, eine Angst, in der Orte nicht mehr als sicher erlebt werden. Das Vertrauen in die Mitmenschen geht verloren.

Teams, die sich im gelben Bereich befinden, erleben eine Atmosphäre der Verunsicherung, in der belastende Emotionen spürbar werden. Es können Konflikte entstehen, die von Teammitgliedern in Auseinandersetzungen auf die Spitze getrieben werden oder in denen sich Teammitglieder der Klärung entziehen. Eine sachliche Auseinandersetzung ist schwer möglich, da die belastenden Emotionen überhandnehmen und in der Folge das Reflexionsvermögen stark eingeschränkt wird.

Hier können transparente Verfahren wie Mediation oder wertschätzendes Zuhören (siehe Abschn. 14.1) hilfreich sein. Die Emotionsregulierung im Team und für einzelne Teammitglieder kann durch Klopftechniken wie PEP nach Michael Bohne (vgl. 2021) unterstützt werden. Gelingt es Führenden, ein Gefühl von Sicherheit zu vermitteln, können Teammitglieder und ganze Teams auf der Leiter wieder nach oben gelangen. In der Folge sind Einsichten durch reflektierendes Einsehen möglich.

Autonome Leiter – roter Bereich

Im unteren Drittel der Leiter wirkt der dorsale Vaguspfad, der zum parasympathischen Zweig des *ANS* gehört. Er wird aktiviert bei der Wahrnehmung von Lebensgefahr und sorgt für Erstarrung, so wie beim Kaninchen vor der Schlange. Menschen sind dann emotional überfordert, und das Denkvermögen setzt aus.

Teams oder einzelne Teammitglieder, die sich im roten Bereich befinden, sind geprägt von einer Atmosphäre der Resignation. Sie erstarren dann förmlich in Auseinandersetzungen, verstummen und scheinen kaum noch zu atmen. Dies ist in hoch eskalierenden Situationen für einzelne Teammitglieder, aber auch für ganze Teams zu beobachten. In der Folge kann es zu längerfristigen Ausfällen durch Krankheit kommen.

In diesem Bereich sind einseitige Maßnahmen durch (externe) Führung notwendig. Es sollte therapeutischer/medizinischer Rat hinzugezogen werden. Hier geht es nicht mehr um Einsicht, sondern um Schutz und Sicherheit der betroffenen Teammitglieder und des ganzen Teams.

Psychologische Sicherheit

Der Begriff der *psychologischen Sicherheit* wurde geprägt von Amy C. Edmondson (vgl. 2020), einer amerikanischen Wissenschaftlerin und Autorin, die dazu über 20 Jahre mit Teams und Gruppen geforscht hat.

Am Anfang der Forschung stand eine Untersuchung im medizinischen Bereich zu den Folgen von Teamarbeit für die Fehlerquoten in den Arbeitsprozessen. Es wurde erhoben, wie viele Fehler gemacht wurden und welches Verhalten im Team dazu beitrug.

Zwischen den verschiedenen Teams gab es einen zehnfachen Unterschied in der Anzahl der menschlichen Fehler. Irritierend war, dass Teams, die stärker über eine gute Zusammenarbeit, gegenseitiges Vertrauen und hohe Handlungsfähigkeit berichteten, mehr Fehler zu machen schienen als Teams, in denen die Zusammenarbeit nicht so gut war. Das war für Edmondson ein Rätsel. Wie konnte eine anscheinend gute Teamarbeit zu mehr Fehlern führen? Sorgte ein zu hohes Selbstvertrauen für Nachlässigkeit?

Sie beschreibt, wie ihr in einem *Aha-Moment* klar wurde, »dass die besseren Teams nicht mehr Fehler machten, sondern [in ihnen] mehr Fehler berichtet wurden« (ebd., S. 9). Diese Hypothese bewahrheitete sich in ihrer weiteren Forschung. In Organisationen und Teams, in denen ein Klima der Angst herrscht, traut sich niemand, die Stimme zu erheben und Fehler zu benennen. Dagegen sind angstfreie Organisationen und Teams geprägt durch »eine Atmosphäre, in der sich die Menschen sicher genug fühlen, um zwischenmenschliche Risiken einzugehen und Bedenken, Fragen oder Ideen zu äußern« (ebd., S. 20). Für diese Beschreibung führte Edmondson den Begriff der *psychologischen Sicherheit* ein.

Sie benennt in ihren Beschreibungen Faktoren, die förderlich für die *psychologische Sicherheit* in Teams sind, zugleich weist sie auf Umstände hin, die die *psychologische Sicherheit* im Team vermindern:

Psychologische Sicherheit wird gefördert durch:

- flache Hierarchien auf Augenhöhe
- Vertrauensvorschuss statt Kontrolle
- Kooperation statt Konkurrenz
- Transparenz, Offenheit und Aufrichtigkeit
- klare Ziele und persönlich sinnstiftende Arbeit
- Verlässlichkeit im Miteinander und in den Strukturen
- konstruktive Konfliktbearbeitungen
- Austausch und gemeinsame Reflexion sowohl über die Arbeitsprozesse als auch das soziale Miteinander.

Psychologische Sicherheit wird vermindert durch:

- starke Hierarchien, weil dort das Erheben der eigenen Stimme kein natürliches Handeln ist, da Kommunikation von der Struktur her vor allem von oben nach unten verläuft
- Kontrolle und Konsequenzen bei Fehlverhalten, weil niemand sich etwas zuschulden kommen lassen möchte
- fehlende Räume für den emotionalen Austausch, weil dadurch die Empathie füreinander keinen Platz findet.

Berücksichtigen wir in diesem Kontext die *Autonome Leiter* von Deb Dana, so lässt sich schließen, dass bei bestehender *psychologischer Sicherheit* der ventrale Vaguspfad im grünen Bereich aktiviert werden kann. Die Handlungsfähigkeit im Team ist hoch, Fehler werden begrüßt, freundlich reflektiert und konstruktiv im Fokus auf gemeinsame Ziele aufgelöst.

Eine zu niedrige *psychologische Sicherheit* kann hingegen für Angst und Rückzug sorgen. Das Team oder einzelne Teammitglieder können auf der *Autonomen Leiter* weiter nach unten in den gelben Bereich gelangen. Angst lässt die Handlungsfähigkeit im Team sinken und sorgt in der Folge für Leistungsminderung.

Vor allem in Teams, in denen Wissen, Kommunikation oder Dienstleistung im Mittelpunkt stehen, hat die *psychologische Sicherheit* eine hohe Bedeutung, da der Austausch untereinander, die Sicherung der Zugehörigkeit und die vertrauensvolle Zusammenarbeit wichtige Erfolgsfaktoren sind. Wenn die Arbeit aus fest definierten Aufgaben besteht, die jedes Teammitglied allein durchführen kann, hat die *psychologische Sicherheit* eine weniger starke Bedeutung. Da diese fest beschreibbaren Arbeitstätigkeiten im Zeitalter der Digitalisierung jedoch immer weniger von Menschen ausgeführt werden, wird der Faktor der *psychologischen Sicherheit* in Zukunft ein wichtiger Aspekt in der Zusammenarbeit von Teams sein.

Edmondson betont, dass *psychologische Sicherheit* kein Persönlichkeitsmerkmal ist, sondern »ein Merkmal des Arbeitsplatzes, zu dessen Schaffung Führende beitragen können und müssen« (2020, S. 11).

Ihre Aufgabe ist es, die Menschen und die Organisation zu unterstützen: »[…] sich zu äußern, zu lernen, kluge Risiken einzugehen, verschiedene Sichtweisen zu berücksichtigen und besonders herausfordernde Probleme zu lösen« (ebd. , S. 126).

Hilfreich für die Gestaltung von *psychologischer Sicherheit* ist eine Demut der Führenden, die sich selbst nicht so wichtig nehmen, weil sie die eigenen Unzulänglichkeiten kennen. Statt Antworten vorzugeben, wird eine Haltung des Hörens und Fragens eingenommen, die einen Raum eröffnet, in dem Neues entstehen kann.

Psychologische Sicherheit lässt sich von Führenden und auch Mitwirkenden durch folgende kurze Sätze und Fragen erhöhen (Edmondson 2020, S. 174):

- Ich weiß es nicht.
- Ich brauche Hilfe.
- Ich habe einen Fehler begangen.
- Es tut mir leid.
- Wie kann ich helfen?
- Vor welchen Herausforderungen stehen Sie?
- Welches sind ihre Bedenken?

Die Schaffung von *psychologischer Sicherheit* in einer Organisation trägt somit dazu bei, dass *Einsicht durch Einsehen* ermöglicht wird, da die Teammitglieder die notwendige vertrauensvolle und sicherheitgebende Atmosphäre erleben, die es für diese Einsichtsmomente braucht.

Schamregulierung

Für eine *Einsicht durch Einsehen* hat Schamregulierung eine wesentliche Bedeutung. Die Emotion »Scham« wird häufig unterschätzt, oder es wird nicht über sie geredet. Stephan Marks bezeichnet Scham als die »tabuisierte Emotion« (Marks 2007).

In unserer Arbeit mit Teams erleben wir, wie hilfreich und öffnend es sein kann, sich mit dieser Emotion zu beschäftigen, sowohl bezogen auf die Teammitglieder mit ihren Schamerfahrungen in Biografie und Organisation als auch bezogen auf die Arbeit mit der Klientel.

Bevor wir uns den Rahmenbedingungen einer konstruktiven Schamregulierung zuwenden, unterscheiden wir zwischen Scham und Beschämung und zeigen auf, welche Bedeutung Empathie dabei haben kann.

Scham

Scham ist eine selbstreflexive Emotion, in der Erlebtes mit dem Selbstbild, dem Ich-Ideal und dem sozialen Ideal abgeglichen wird. Je größer die Differenzen sind, als desto stärker kann Scham erlebt werden. Scham kommt vor als körperliche Scham (körperliches Idealbild, Intimität, Sexualität), als kognitive Scham (kognitiv-moralisches Selbstbild, Kompetenz, soziale Zugehörigkeit) und als existenzielle Scham (Selbsterleben als makelhaft, als unwichtig und wertlos) (vgl. Marks 2007). Auch wenn in Teams vor allem die kognitive Scham vorkommt, zeigen sich in Auseinandersetzungen und Situationen psychologischer Unsicherheit auch die körperliche und die existenzielle Scham.

Scham fungiert als Alarm und Schutzfunktion. Sie macht uns auf zwischenmenschliche oder innere Gefahren aufmerksam und hat eine hohe Bedeutung für die menschliche Entwicklung und das soziale Zusammenleben: »So kann das Schamgefühl etwa der Anpassung an soziale Normen dienen oder dazu verhelfen, störende Verhaltensweisen einzudämmen« (Hell 2018, S. 8).

Scham macht als reflexive Emotion die Person auf sich selbst aufmerksam. Daniel Hell bezeichnet sie als »Türhüterin des Selbst« (ebd., S. 11). Scham »kann erfinderisch machen, zur Realitätsprüfung anregen, das eigene Verhalten verändern und zu einem neuen Gleichgewicht beitragen« (ebd., S. 120).

Beschämung

Während Scham das erlebte Gefühl ist, stellt Beschämung die Handlung dar, mit der andere beschämt werden. Beschämungen können tiefe Auswirkungen haben und auf der *Autonomen Leiter* für eine Verortung im unteren, roten Bereich sorgen.

Im Ansatz der *psychologischen Sicherheit* hat die Abwesenheit von Angst eine zentrale Bedeutung. Angst ist immer verknüpft mit einem »vor«. Wir haben Angst vor etwas, auch wenn wir das »vor« nicht immer benennen können, was die Angst dann erhöht. Nach unserem Verständnis der *psychologischen Sicherheit* ist es vor allem die Angst vor Beschämung, auch wenn Edmondson dies nicht explizit benennt.

Als Beschämte sind wir passive Opfer der Umstände. Auf Beschämung durch andere reagieren wir entweder mit Flucht nach außen (Angriff, Kampf, Widerstand, Beschämung anderer, Ausübung von Macht) oder mit Flucht nach innen (entziehen, verstummen, erstarren, sich verstecken, Depression), je nachdem, auf welcher Stufe der *Autonomen Leiter* wir uns befinden.

Empathie im Kontext von Scham und Beschämung

Grundsätzlich ist Empathie ein wesentlicher Faktor bei der konstruktiven Schamregulierung. Die Empathie anderer kann unterstützend sein, damit wir aus dem schamerfüllten Gefühl des Alleinseins im »ich und die anderen« wieder in ein gemeinsames »wir« kommen. Es kommt jedoch auf den Grad dieser Empathie an.

Zu wenig Empathie kann Auslöser für (unbewusste) Beschämung sein. Sie kann auch dazu führen, dass Scham nicht wahrgenommen und dadurch verstärkt wird. Normalerweise vermeiden empathiefähige Menschen, andere zu beschämen. Wenn sie jedoch selbst beschämt werden, kann ihre Empathiefähigkeit so eingeschränkt sein, dass sie in einer Art Schamverlagerung wiederum andere beschämen, um sich selbst vor weiterer Beschämung zu schützen. Dies geschieht häufig unbewusst im gelben Bereich der *Autonomen Leiter*.

Zu viel Empathie kann für eine Erhöhung der Scham und damit für weitere Beschämung sorgen. »Ironischerweise kann Empathie dazu führen, dass die schambeladene Person sich noch schlechter fühlt – ihre defensiven Reaktionen auf die positiven und netten Gesten anderer Menschen lassen sie (in ihren eigenen Augen und denen anderer Personen) schlecht, undankbar und gemein erscheinen« (Weinblatt 2016, S. 12).

Beschämung durch zu wenig Empathie verorten wir vor allem in Organisationen, die noch sehr von *A1* geprägt sind. Führende mit hohen *A1-Anteilen* haben es häufig gelernt, durch Beschämung zu führen. Dabei haben sie meist selbst in ihrer Biografie Beschämung erfahren, in deren Zusammenhang sie wenig Empathie erlebten. »In vielen traditionellen Gesellschaften wird Scham in der Hierarchie abwärts immer weiter verlagert, sodass also die ranghöhere Person die rangniedere beschämt« (ebd., S. 63).

Hohe *A2-Anteile* können dafür sorgen, dass die Einfühlung Einzelner in die Schamsituation anderer so überhandnimmt, dass die restlichen Teammitglieder beschämt dabeisitzen. Dies kann die Schamsituation bei der ursprünglich betroffenen Person steigern, weil sie sich für die Gesamtsituation und die starke emotionale Reaktion der anderen verantwortlich fühlt.

Hier kann eine Unterscheidung zwischen mitfühlender und einfühlender Empathie hilfreich sein, ähnlich der Unterscheidung von Mitleid und Beileid in Situationen der Trauer. Aus unserer Sicht ist Mitleid für Trauernde meistens keine Hilfe, weil es in den Fluss der Trauer mit einfließt und ihn verstärken kann. Beileid dagegen kann einfühlsam Verständnis zeigen und zugleich in einer angemessenen Distanz Halt geben. Im Mitleid leiden wir selbst und projizieren die Trauer der Betroffenen auf uns selbst. Im Beileid sind wir bei den Trauernden, wir zeigen Mitgefühl, ohne selbst zu leiden. In diesem Sinne ist in Situationen von Scham bei anderen eine zugleich einfühlende und distanzwahrende Empathie hilfreicher als eine zu tief mitfühlende und mitleidende Empathie.

Schamregulierung

Damit kommen wir zu dem, was Menschen beim Erleben und Verarbeiten von Scham benötigen, damit sie konstruktiv wirken kann und in der Folge entweder das im System störende Verhalten oder die Sicht auf die eigenen Werte durch Einsehen verändert wird.

Zunächst braucht es eine Wahrnehmung bezüglich der Stärke der Scham. Besteht eine zu hohe Scham, gibt es eine überbordende Schamerfülltheit. Die betroffene Person möchte im Boden versinken und befindet sich auf dem unteren Bereich der *Autonomen Leiter*. Eine reflektierende Auseinandersetzung mit dem eigenen Verhalten ist nicht möglich. Für eine Regulierung dieser Scham braucht es einen sicheren Rahmen. Nichtsprachliche Verfahren wie *Klopfen mit PEP* (Bohne 2021) können hilfreich sein. Inwieweit eine Hilfe am Arbeitsplatz durch die Organisation erfolgen kann, hängt von der Kultur der Organisation ab. *A3*-geprägte Organisationen bieten für solche Fälle einen Handlungsrahmen für Führende, in dem sie konstruktiv tätig werden können. Die angemessene Gestaltung von Miteinandergesprächen oder das Angebot externer Supervision sind mögliche Beispiele hierfür.

Besteht eine zu niedrige Scham, wird die Emotion nicht angemessen wahrgenommen. Es kann es sein, dass das Bewusstsein für die Scham nicht entsprechend entwickelt ist oder die Scham verdrängt wird. Bei zu geringer Scham sprechen wir umgangssprachlich von »Schamlosigkeit«.

Dies tritt zum Beispiel auf, wenn ein Teammitglied sich entgegen den grundsätzlichen Werten des Teams oder der Organisation verhält und die Scham selbst nicht wahrnimmt. Oft fehlt der Zugang zu den eigenen Gefühlen und zu den Gefühlen der anderen. Die Empathiefähigkeit ist dann gering ausgeprägt. Hier bedarf es einer Schamregulierung, die dazu führt, dass Scham wahrgenommen werden kann. Unterstützt werden kann dies durch Aufrichtigkeit von Teammitgliedern oder der Führung, die im guten Kontakt die eigenen Emotionen zur Verfügung stellen.

Bei der Schamregulierung ist ein Rahmen hilfreich, in dem die erlebte Scham nicht durch Beschämung verstärkt wird.

Dies wird möglich, wenn jemand, aus *A3* heraus dafür sorgt, dass:

- die Anerkennung, Sicherheit, Zugehörigkeit und Integrität aller Beteiligten geachtet werden
- Erlebtes offen ausgesprochen wird, damit es nicht zum Tabu wird

- versachlicht wird, damit Denken und Reflexion ermöglicht werden
- eine Begrenzung auf Situation und Verhalten erfolgt, damit der existenzielle Wert der Person gewahrt wird.

Des Weiteren wird konstruktive Scham vor allem unterstützt durch Beziehung und Kontakt, Wertschätzung und Respekt sowie die Hoffnung auf eine positive Entwicklung. Dies wird erlebbar durch:

- das Wissen, nicht allein zu sein, weil jemand an der Seite sitzt
- eine einfühlsame Übersetzung, die auf die Bedürfnisse dahinter verweist
- den Appell an das Gute, verbunden mit Zutrauen und Hoffnung auf Veränderung des Verhaltens
- ein daneben sitzendes »Ich weiß, dass es wieder gut werden kann und dass du es kannst!« statt einer Haltung, die ein konfrontatives »Du musst!« ausdrückt.

Teams, die im sozialen Miteinander Momente der Scham konstruktiv nutzen, haben meistens ein gesundes Schamempfinden. Sie haben gelernt, auftauchende belastende Emotionen individuell und gemeinsam angemessen zu regulieren.

In der *Einsicht durch Einsehen* werden Einzelne und Teams durch Autoritäten, die aus *A3* heraus handeln, angeleitet, mit den sozialen Werten und Normen im Team und in der Organisation umzugehen.

1.6.3 Einsicht durch Eine-Sicht

In Teams erleben wir Einsicht durch *Eine-Einsicht*, wenn die Teammitglieder eine gemeinsame Sicht auf die *Vision* ihrer Organisation oder die Ziele ihres Teams haben. Wenn sich ein Team mit seiner *Sinn- und Zielorientierung* (siehe Abschn. 9.1) beschäftigt, entstehen gemeinsame Sichtweisen, die die Verbundenheit stärken und neue Energien zur Erreichung der Ziele freisetzen können. Eine Einsicht durch *Eine-Sicht* können wir erreichen unter anderem mithilfe des *Inspirations-Vision-Mosaiks* (siehe Abschn. 12.1) oder der *Zielfindung mit dem Schneeballsystem* (siehe Abschn. 9.2).

1.6.4 Wem dient die Intervention?

Woher wissen wir jedoch, was die *Eine-Sicht* ist, die für das gesamte System sinnvoll und nützlich ist? Diese Frage stellt sich sowohl bei der *Eine-Sicht* als auch bei der *Einsicht durch Einsehen* (siehe Abschn. 1.6.2).

Die Antwort darauf ist für uns eine Frage, die wir in dreifacher Weise ausdifferenzieren. Basis der Differenzierung ist die *Triade beruflichen Handelns* mit ihren Dimensionen *Person, Funktion* und *Profession* (siehe Abschn. II.1). Es ist für uns eine Reflexionsfrage, die wir stellen, um wahrzunehmen, ob eine Intervention aus *A3* heraus erfolgte:

Wem dient diese Intervention/Einsicht?

- Dient sie eher dem Erhalt der Position der Führung? Dann wird die Dimension *Funktion* übermäßig prämiert, es geht um Macht, und die *A1-Anteile* werden aktiviert.
- Dient sie eher den Einzelinteressen der Teammitglieder? Dann wird die Dimension *Person* übermäßig prämiert, es geht um Autonomie, und die *A2-Anteile* werden aktiviert.
- Dient sie eher dem System als Ganzem? Dann werden die Dimensionen *Person, Funktion* und *Profession* zugleich prämiert, es geht sowohl um die Stärkung der *psychologischen Sicherheit* als auch um die *Sinn- und Zielorientierung,* und die *A3-Anteile* werden aktiviert.

1.6.5 Transformation durch Einsicht

Die *Sinn- und Zielorientierung,* die Wahrung der *psychologischen Sicherheit* sowie die *Selbstreflexion* des eigenen Führungsverhaltens sind für uns die drei Grundmerkmale einer Haltung *Systemischer Autorität.*

Alle drei gemeinsam können eine Wirkung mit Einsicht ermöglichen, in der *Aha-Momente, Einsicht durch Einsehen* und *Eine-Sicht* sowohl bei den zu Führenden als auch den Führenden selbst entstehen (siehe Abb. 9).

Dabei werden die eigenen *A1-* und *A2-Anteile* wertfrei in der individuellen und gemeinsamen *Selbstreflexion* wahrgenommen. In dem Wissen darüber, dass dort die Wurzeln der eigenen Haltung liegen, können diese Anteile so zu *A3* transformieren.[5]

---

5 Hier folgen wir Frank Baumann-Habersack, wenn er inzwischen von transformativer Autorität spricht und damit auf den Zielraum *Systemischer Autorität* verweist (vgl. 2020).

Bei der Idee der Transformation der Anteile von *A1* und *A2* zu *A3*, die im *Autoritätsdreieck* abgebildet werden, inspirierten uns die Theorie der integralen Organisationsentwicklung, wie sie Frederic Laloux in *Reinventing Organizations* beschreibt (2015), und das Entwicklungsmodell *Spiral Dynamics* von Don Edward Beck und Christopher C. Cowan (2007). Die eigentliche Entwicklung erfolgte in der Praxis im Rahmen der Aufstellungsarbeit mit Georg Müller-Christ und in unseren Beratungen mit Einzelnen, Teams und Organisationen.

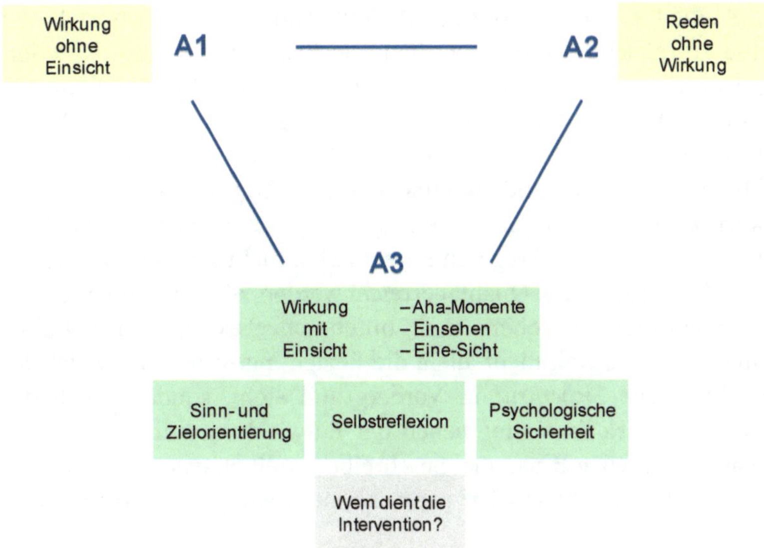

Abb. 9: Einsicht im Autoritätsdreieck

1.7 Systemische Autorität

Es bleibt die Frage, wie *A3* bezeichnet wird, wenn wir nicht nur bei einem Buchstaben und einer Zahl bleiben wollen oder bei Begriffen wie »alte« oder »neue«.

In unserem ersten Artikel zum *Autoritätsdreieck* hatten wir noch geschrieben, dass es für uns offenbleibt und vom Kontext abhängig ist, wie die Haltung bezeichnet wird. Wir hatten für den Kontext von Organisation und Führung mehrere Alternativen vorgeschlagen: die Begriffe »kollektive« oder »geteilte« von Verhaeghe (2016, S. 238), »horizontale« von Baumann-Habersack (2019) oder den von uns verwendeten Begriff »Systemische« Autorität (2019, S. 538).

Inzwischen sind wir zu der Überzeugung gekommen, dass es hilfreich ist, wenn wir einen Begriff anbieten, der zu unserem Ansatz passt, sei es zur Orientierung, zur Abgrenzung oder für die je eigene Weiterentwicklung.

»Kollektiv« oder »geteilt« bieten im Vergleich zu »neu« ein inhaltliches Bild an. Sie stellen für uns jedoch ebenso wie »horizontal« eine Qualität dar, die wir eher unter *A2* verorten. Während *A1* Menschen ihrer Funktion nach vertikal in der Hierarchie verortet, werden in *A2* die Menschen in Bezug auf die Person horizontal verortet. Alle sind auf gleicher Höhe. Vor allem die Beziehung steht im Vordergrund. Die Verantwortungsübernahme Einzelner für das Team gestaltet sich herausfordernd, da niemand »gleicher« sein soll. Wenn Augenhöhe der zentrale Wert ist und alles gleich gilt, besteht die Gefahr, dass qualitativ und quantitativ bessere Argumente den gleichen Wert bekommen wie die Gegenargumente einer unterlegenen Minderheit – und in der Folge Entscheidungen nicht getroffen werden.

Mit *A3* kann eine Qualität erreicht werden, die von ihrer Struktur her nicht mehr in »oben« und »unten« oder »rechts« oder »links« einzuteilen ist, weil nicht allein die Beziehung beziehungsweise die *psychologische Sicherheit* im Vordergrund steht, sondern auch die *Sinn- und Zielorientierung* neben der Entwicklung durch *Selbstreflexion.* Wenn wir nur das Ziel beschreiben wollten, das mit der Qualität von *A3* erreicht werden kann, könnten wir von transformativer Autorität reden.

Für uns hat sich der Begriff *Systemische Autorität* aus zwei Gründen als stimmiger für unseren Ansatz erwiesen:[6]

- Erstens im Rückgriff auf die *dreipolige Struktur von Autorität,* in der in einem System eine Person, Gruppe oder Organisation eine andere Person, Gruppe oder Organisation mittels einer externen Quelle, Instanz oder Größe autorisiert.
- Zweitens verweist der Begriff auf den Ansatz der systemischen Beratung, der für uns eine Grundlage unseres beraterischen Verständnisses ist (siehe Kap. 2.2).

6 Daneben fühlen wir uns mit dem Begriff *Systemische Autorität* sowohl mit den Herausgebenden des Handbuches *Neue Autorität* verbunden, wenn sie Haim Omers und Arist von Schlippes Konzept der *Neuen Autorität* als systemisches Konzept einordnen, in der Auffassung, »dass Stärke statt Macht eine Bereicherung systemischen Denkens und Arbeitens ist, die sich mit verschiedenen systemischen Konzepten hervorragend und zweckmäßig verbinden lässt« (von der Recke 2019, S. 82) als auch mit der ersten Veröffentlichung von Haim Omer und Arist von Schlippe, in der Arist von Schlippe mit die Position vertritt, dass »das Modell der elterlichen Präsenz […] ein systemisches ist« (2002, S. 16).

Mit ihrem Buch *Die Kraft der Präsenz* (2022) haben sich auch Martin Lemme und Bruno Körner mit uns entschieden, den Begriff »Systemische Autorität« zu verwenden, da er für sie verdeutlicht, »dass die Wechselwirkungsbeziehungen im Sinne eines Selbstreflexionsprozesses im Mittelpunkt stehen« (S. 20).

1.8 Mögliche Aha-Momente

- Personen, Gruppen oder Organisationen, die wir als Autorität autorisieren, folgen wir freiwillig.
- *A3* schafft eine Legitimation für Autorität, deren Quelle die Präsenz ist.
- Im *Autoritätsdreieck* gibt es kaum 100 % *A1*, *A2* oder *A3*.
- Die Qualität von *A3* zeigt sich in einer Wirkung mit Einsicht.
- Eine gemeinsame Sicht auf Ziele, geklärte Strukturen und hohes Vertrauen ermöglichen *Aha-Momente*.
- *Psychologische Sicherheit* ermöglicht *Einsicht durch Einsehen.*
- Benannte Fehler können darauf hinweisen, dass ein Team einen hohen Grad an *psychologischer Sicherheit* hat.
- Eine gemeinsame Sicht im Team auf die Vision oder auf die Ziele ermöglicht eine *Einsicht durch Eine-Sicht.*
- Die Frage »Wem dient die Intervention?« kann eine hilfreiche Intervention sein.
- *A1-* und *A2-Anteile* können in der *Selbstreflexion* zu *A3* transformieren.
- …

2 Grundannahmen Systemischer Autorität

2.1 Das Menschenbild

Wenn wir ein neues Team kennenlernen, von dem wir bereits gehört haben, dass es als freundlich, inspirierend, offen, kooperativ und wertschätzend erlebt wird, gehen wir üblicherweise mit einer eher positiven neugierigen Haltung in die ersten Klärungsgespräche. Anders jedoch, wenn wir gehört haben, dass das Team als berechnend, verschlossen und wenig wertschätzend erlebt wurde. Vermutlich sind wir dann eher vorsichtig neugierig mit einem Fokus auf die möglichen zu klärenden Konflikte im Team. Im Idealfall werden wir versuchen, unabhängig von der Einschätzung anderer uns ein eigenes Bild zu machen.

Im Normalfall aber reagieren wir als Menschen auf andere Menschen und lassen uns beeinflussen, sei es in der Kommunikation über Sprache, über unseren Körper oder intuitiv über Spiegelneuronen. Die Haltung anderer Menschen wirkt auf uns zurück und andersherum. In der Neurobiologie wird dies als Resonanzphänomen bezeichnet (vgl. Bauer 2006).

Vordergründig wirken hier der *Kontext* und der *Rahmen. Kontext* ist für uns der Teil von Wirklichkeit in unserem System, den wir selbst nicht unmittelbar verändern können (siehe Kap. 8). Den *Rahmen* können wir unmittelbar verändern, wenn auch manchmal nur sehr begrenzt und kleinschrittig (siehe Kap. 10).

Dahinter treffen *Kontext* und *Rahmen* auf unser Menschenbild, das geprägt ist durch unsere Biografie mit den dazugehörigen Werten. Aus diesem Menschenbild leitet sich unsere Haltung ab, die unser Handeln prägt. Es geht um unsere Vorstellung, die wir vom Wesen des Menschen haben. Da wir als Menschen ein Teil der Welt sind, ist davon auch unser Bild von der Welt geprägt. Schätzen wir die Natur des Menschen in der Welt im Grunde als böse oder als gut ein?

2.1.1 Im Grunde böse oder gut?

Die Grundfrage nach der Natur des Menschen zieht sich wie ein roter Faden durch die verschiedenen Wissenschaften. Von ihrer Beantwortung hängen unsere Haltung und damit auch unser Verhalten gegenüber anderen Menschen ab.

Eine ausführliche Bearbeitung dieser Grundfrage findet sich bei Rutger Bregman in seinem Buch *Im Grunde gut. Eine neue Geschichte der Menschheit* (2020).

Bei der Verortung im *Autoritätsdreieck* steht hinter *A1* ein eher pessimistisches, konservatives Menschenbild, das auf Denkschulen wie der von Thomas Hobbes (1588–1679) aufbaut. Hobbes und die ihm nachfolgenden Denker, in der Mehrzahl waren es Männer, gingen davon aus, dass der Mensch grundsätzlich böse sei. Daraus leitete sich eine Führung ab, der Werte wie Respekt, Kontrolle, Hierarchie und Gehorsam wichtig sind, da Mitarbeitende auf ihren Vorteil bedacht, faul und berechnend sind. Daher bedürfen sie einer anleitenden, kontrollierenden Führung. Ihre Entwicklung muss korrigierend von außen gesteuert werden.

Eine pessimistische Haltung als verengte Welthaltung kann, wie ein Nocebo ansteckend, zu Verbitterung und Bösartigkeit führen. Anders als ein Placebo, bei dem positive Wirkungen nach einem Scheinmedikament beobachtet werden, erzeugt ein Nocebo negative Auswirkungen. »Wenn wir glauben, dass die meisten Menschen im Grunde nicht gut sind, werden wir uns gegenseitig auch entsprechend behandeln. Dann fördern wir das Schlechteste in uns zutage« (Bregman 2020, S. 27).

Im *Autoritätsdreieck* steht hinter *A2* ein eher optimistisches, progressives Menschenbild, das auf der Denkschule von Jean-Jacques Rousseau (1712–1778) aufbaut. Rousseau und die ihm nachfolgenden Denkschulen sehen in dem Menschen das Individuum, das von innen heraus gut ist. Erst durch die Zivilisation und die Institutionen wurde der Mensch böse.

Daraus leitet sich eine (Nicht-)Führung ab, der Werte wie Individualität, Gleichheit, Autonomie, Freiheit wichtig sind. Mitarbeitende sind konstruktiv, wollen ihr Bestes geben und engagieren sich von selbst. Daher bedürfen sie keinerlei Führung, außer zur Abhaltung jeglichen institutionellen Einflusses, da er die positive Entwicklung des Menschen verhindert. Eine optimistische Haltung als verengte Welthaltung kann »zu fürchterlichen Enttäuschungen mit Depressionsgarantie [führen] – und einer manchmal sehr komplizierten Form von Beleidigt sein« (Horx o. J.).

Beide Menschenbilder finden wir in unserer Gesellschaft und bei den vielfältigen Führungskonzepten wieder.

Wenn wir bei der Frage von »gut« oder »böse« verharren, die sich auch in der Frage nach »richtig« oder »falsch« zeigt, kann es bei strittigem Verhalten im Team zu einem unversöhnlichen Gegeneinander kommen. Dabei bleiben wir oft in der mächtigen Frage »Warum?« stecken, die uns direkt zur Schuldfrage führt, zum Beispiel: »Warum haben Sie die Dokumentation nicht ordentlich geführt?«

Ein Hin-und-her-Pendeln zwischen Gut und Böse oder ein Dazwischen hilft uns hier, wie im *Autoritätsdreieck* mit *A1* und *A2*, nicht wirklich weiter. Wir benötigen eine andere Qualität vom Bild des Menschseins, die hinter *A3* steht.

2.1.2 Die possibilistische Grundhaltung

Für die possibilistische Grundhaltung verändern wir die Perspektive, weg von der rückwärtsgewandten Frage nach Gut oder Böse, hin zu einer Haltung zur Welt, die nach dem Möglichen in der Zukunft fragt. Die Gegenwart betrachten wir von einer gelungenen Zukunft aus und fragen, wie wir zusammen dort ankommen können.

Wir müssen nicht mehr entscheiden, ob der Mensch gut oder böse ist, sondern wir vertrauen mit einer sinn- und zielorientierten Zuversicht seinen Möglichkeiten des Handelns.

Wir setzen auf die Kraft von Veränderungsprozessen ohne Bewertungseinteilung in »gut« oder »böse« bzw. »richtig« oder »falsch«. Dazu gehört ein anderes Zeit- und Kontrollverständnis, das sich in den *aha3-Haltungs- und Handlungsfeldern* der *Systemischen Autorität* wiederfindet. Deeskalation durch Verlangsamung mit Beharrlichkeit kann zu schnelleren Lösungen beitragen, und Selbstkontrolle statt Kontrolle oder Kontrolllosigkeit kann im System für Sicherheit und Vertrauen sorgen.

Diese Haltung machen sich unter anderem Jakob von Uexküll (Begründer des alternativen Nobelpreises), Hans Rosling (Weltstatistiker) und Matthias Horx (Zukunftsforscher) zu eigen. Sie bezeichnen sie als *Possibilismus* und sich selbst als Possibilisten. »*Possibilismus* ist der Umgang mit Unwägbarkeiten und Unsicherheiten auf einer vertrauensvollen Basis mit sich selbst« (Horx o. J.; Hervorh. nicht im Orig.).

Das neulateinische Wort Possibilismus findet sich im französischen »possibilité«, im englischen »possibility« und im spanischen »posibilidad« wieder, die im Deutschen mit »Möglichkeit« übersetzt werden.

Bei seiner Beschreibung des *Possibilismus* verweist Horx auf die Bedeutung der Zuversicht und den Unterschied zur Hoffnung oder Erwartung. Wenn wir von anderen etwas erwarten oder erhoffen, neigen wir eher zur Passivität. Wir wünschen uns, die anderen mögen »es« tun, damit es uns gut geht. Über die Erfüllung haben wir keinen weiteren Einfluss. Mit Erwartungen an andere legen wir Ziele fest, die andere erfüllen müssen. Auf der Beziehungsebene »haben wir den anderen Macht über unsere Gefühle gegeben, da wir unser Glück an ein Ziel geknüpft haben, das nur die anderen erfüllen können« (Bohne 2010, S. 45).

> »Zuversicht bezieht dagegen uns selbst, unsere Handlungen, ein in die Erwartungen. [...] In der Zuversicht können wir auch das Dunkle, Schreckliche ansehen, ohne dass es von uns Besitz ergreift. [...] Zuversicht [...] lässt uns in eine Selbstveränderung hineinwachsen. Sie lässt das Zukünftige, also unsere erweiterten Fähigkeiten, in uns selbst wachsen« (Horx o. J.).

Wir vertrauen uns, unserem Gegenüber und der Welt, indem wir miteinander in die Zukunft sehen. In der Haltung der Zuversicht, im gemeinsamen Blick auf die vorhandenen Möglichkeiten stärken wir die Verbundenheit und das Vertrauen im gesamten System.

Nachdem wir die Perspektive gewechselt haben, weg von einem pessimistischen oder optimistischen Blick auf die Vergangenheit hin zu einer possibilistischen Haltung in die Zukunft, bleibt die Frage, wie wir mit dem »Ja, aber« umgehen. Das »Ja, aber«, welches das Verhalten anderer im Team im Gedächtnis hat, das nicht kooperativ, sondern verletzend war. Das Verhalten, das unser Vertrauen erschüttert hat. Da kann es schwerfallen mit der Zuversicht, wenn die Kooperation im Team gestört ist.

2.1.3 Mit tragischer Zuversicht probeweise vertrauen

Für das »Ja, aber« hilft uns als Ergänzung der possibilistischen Zuversicht die *tragische Sicht*, wie sie Haim Omer, Nahi Alon und Arist von Schlippe beschrieben haben (Omer 2007). Sie unterscheiden die *tragische Sicht* von der *dämonischen Sicht*.

In der *dämonischen Sicht* auf diese Welt

- kommt alles Leiden vom Bösen
- sind die anderen fremdartige und sich verstellende Wesen
- ging das Glück verloren und kann wiedergefunden werden
- sind die Ursachen des Leidens tief verborgen
- bedarf das Aufdecken der verborgenen Kräfte einer besonderen Form von Wissen
- sind Schuldeingeständnisse die Vorbedingungen für eine Heilung
- besteht Heilung in der Ausrottung des Übels.

In der *tragischen Sicht* auf diese Welt hingegen

- ist Leiden ein wesentlicher und unausweichlicher Teil des Lebens
- können schlechte Handlungen positiven Eigenschaften entstammen
- sind die anderen uns ähnlich
- gibt es keinen privilegierten Einblick in die Erfahrungswelt anderer
- vergrößern radikale Lösungen oft das Leid
- erfordert die Allgegenwärtigkeit des Leidens Akzeptanz, Mitleiden und Trösten (vgl. Omer 2007, S. 48–86).

Die *tragische Sicht* nimmt die Welt so, wie sie ist. Sie bleibt nicht bei Schuldfragen in der Vergangenheit hängen, sondern bedauert das, was passiert ist, und versucht, es im Hier und Jetzt zu ändern. Bei Veränderungen geht es um die kleinen möglichen Schritte, die einen Unterschied ausmachen, statt großer Entwürfe, die eher für Enttäuschungen sorgen. Ein solch »konstruktiver Fatalismus« ist kein unbegrenzter Bewältigungsoptimismus, sondern »der Versuch, die verloren gegangene Kunst des Tröstens und des Trostes auch in die professionelle Praxis wieder hineinzubringen« (Omer 2007, S. 66). Diese Sichtweise hilft, mit Vertrauensverlust anders als üblicher Weise umzugehen.

Häufig wird beim Thema »Vertrauen« ein kompletter Verlust beklagt: »Weil du so mit uns umgegangen bist, können wir dir nicht mehr vertrauen.« Dahinter steht eine Vorstellung, entsprechend der *dämonischen Sicht* von »ganz oder gar nicht«, von 100 % auf null. In der Realität stimmt dies häufig so nicht. Eine Aussage wie »Jetzt kann ich dir nicht mehr vertrauen!« ist meistens die Reaktion auf den Tropfen, der das Fass zum Überlaufen gebracht hat oder die zehnte Marke in unseren »Merk-ich-mir-Heften« für schlechtes Verhalten, die wir für unsere Mitmenschen führen. Wenn das Heft voll ist, dann wird ausgeschüttet, und unser Gegenüber kann sehr überrascht sein, wenn die neun vorher geklebten Marken nicht wahrgenommen wurden.

Die *tragische Sicht* weiß hier zu differenzieren. Vertrauen schwindet normalerweise nicht von 100 % auf null, sondern es gibt einen Prozess des Vertrauensverlustes. Genauso andersherum: Wir haben noch in keiner Mediation erlebt, dass Beteiligte nach einer Intervention ehrlich sagen konnten: »Jetzt vertraue ich dir wieder vollkommen.« So wie der Vertrauensverlust im System ein Prozess ist, gilt dies auch für die Wiederherstellung von Vertrauen. Es wächst, mal langsamer und mal schneller. Dafür braucht es ein Verstehen der Situation, die gemeinsame Suche nach Lösungen und die Erfahrung, dass getroffene Vereinbarungen eingehalten werden, oder die Wahrnehmung, dass mein Gegenüber ernsthaft, wenn auch mit Rückschlägen versucht, sein Verhalten zu ändern.

Bei der Vertrauensstärkung kann ein tentatives, also ein probeweises Vertrauen hilfreich sein, wie Haim Omer es in einem Vortrag vorgeschlagen hat. Das heißt, unser Vertrauen ist gestört, und es fällt uns schwer zu vertrauen, weil es bei uns gegen null geht. Wir möchten aber wieder vertrauen und werden es tentativ, das heißt probeweise, tun. Wir werden probeweise wieder Vertrauen entgegenbringen.

Dies geschieht dann mit einer tragischen, possibilistischen Zuversicht, dass ein gemeinsames Vertrauen möglich ist, mit dem wir wieder so handlungsfähig werden, dass unsere gemeinsamen Ziele wieder in den Blick kommen können.

Ein probeweises Vertrauen, aus einer tragischen Zuversicht heraus, kann paradox und humorig klingen. Häufig helfen gerade der Humor und das gemeinsame Lachen über unsere tragischen Bewältigungsversuche der Unwägbarkeiten des Lebens, uns aus scheinbar festgefahrenen Situationen herauszuholen. Humor ist es auch, der hilfreich ist für *Aha-Momente der Einsicht.*

Dazu passend, beschließen wir unsere Ausführungen zum Menschenbild *Systemischer Autorität* mit vier Aussagen, deren ersten zwei bis drei wahrscheinlich bekannt sind:

»Das Glas ist halb leer«, sagt der Pessimist.
»Das Glas ist halb voll«, sagt der Optimist.
»Im Glas befinden sich 125 ml H_2O«, sagt der Realist.
»Mit dem Wasser kann ich Sonnenblumensamen zum Keimen bringen«, sagt der Possibilist.

2.2 Was ist systemisch?

Wir verdeutlichen das Systemische an der *Systemischen Autorität* hier anhand dreier Prinzipien, die fester Bestandteil unserer Beratungspraxis sind.[7]

2.2.1 Verhalten verändern

Störungen im Team werden oft an einzelnen Teammitgliedern festgemacht. »Frau A. hält Absprachen nicht ein« oder »Herr B. kommt immer zu spät«. Die Klärung der Störung wird an Frau A. oder Herrn B. gebunden, und es kann recht grundsätzlich werden, was für alle Seiten herausfordernd ist. Hier hilft es, eine Unterscheidung einzuführen, die wir mit einer Aufstellung visualisieren.[8] Wir laden drei Personen ein, sich hintereinander aufzustellen. Alternativ arbeiten wir auch mit Pylonen, die wir in Stellvertretung für die drei Personen verwenden. Jede Person erhält eine beschriebene Karte, die sie sich vor den Körper hält. Eine vierte beobachtende Person laden wir ein, sich davorzustellen. Die drei Personen stehen so hintereinander, dass die vierte Person nur die Karte der vordersten Person sehen kann, auf der »Verhalten« steht (siehe Abb. 10).

Auch in der Praxis sehen wir oft nur das störende Verhalten von Frau A. oder Herrn B. und nicht das, was dahinterliegt. Die beobachtende Person sieht, dass hinter der ersten Person noch zwei stehen,

7 Der Titel der SyNA-Tagung 2018 in Hannover lautete »Neue Autorität – ein systemisches Konzept?!«. Damit wurde mit Zuversicht der Anspruch geäußert, dass *Neue Autorität* als Haltung und Konzept systemisch ist. Viele Beteiligte der Tagung aus Praxis und Wissenschaft haben diese Zuversicht bestätigt. In der Folge entstand *Neue Autorität. Das Handbuch* (Körner et al. 2019). Es ist für uns eine schriftliche Bestätigung des Ausrufezeichens im Titel der Tagung. Die Artikel sind geprägt von einer im systemischen Denken verwurzelten Haltung. Explizit greifen Tobias von der Recke mit *Systemische Grundlagen* (2019) und Arist von Schlippe mit *Skizze einer Systemtheorie der Neuen Autorität* (2019) das Frage- und Ausrufezeichen auf. Von daher sei zur eher theoriegeleiteten Vergewisserung auf das Handbuch und die darin aufgeführte Literatur verwiesen.

8 Diese Unterscheidung haben wir bei Martin Lemme (Lemme u. Körner 2022, S. 174) kennengelernt.

Abb. 10: Verhalten

die auch jeweils eine Karte halten. Aus ihrer Perspektive kann sie diese Karten nicht lesen. Auf unsere Frage, was passieren müsste, damit sie die Karte lesen kann, kommt häufig die Antwort: »Die zwei dahinter sollen sich zeigen.« Wir zeigen nicht so gerne, was hinter uns ist, gerade wenn es schwierig wird. Von daher bewegen sich die beiden Stellvertretenden nicht. Wenn die beobachtende Person sehen möchte, was auf den Karten steht, und die anderen sich nicht bewegen, muss sie ihre eigene Perspektive, wie in Abbildung 11, verändern.

Abb. 11: Verhalten, Bedürfnis, Mensch

Nun kann sie sehen, was auf den anderen beiden Karten steht. Sie nimmt wahr, dass hinter dem Verhalten das Bedürfnis und der Mensch stehen.

Aus der gewaltfreien Kommunikation nach Marshall Rosenberg stammt die Erkenntnis, dass hinter jedem Konflikt ein unerfülltes Bedürfnis steckt:

> »Urteile, Kritik, Diagnosen und Interpretationen des Verhaltens anderer Menschen sind alles entfremdete Äußerungen unserer eigenen Bedürfnisse« (Rosenberg 2001, S. 62).

Diese Aufstellungsvisualisierung beinhaltet drei Erkenntnisse, die wir im systemischen Denken verorten, und die gleichzeitig von zentraler Bedeutung für den Ansatz der *Systemischen Autorität* sind:

- die Autonomie lebender Systeme
- der Perspektivwechsel als Möglichkeitsraumerweiterung
- die Unterscheidung zwischen dem Mensch in seinem Sein, seinem Bedürfnis und dem konkreten Verhalten.

Die Autonomie lebender Systeme

In der Visualisierung reagieren die beiden Stellvertretenden hinter dem Verhalten nicht auf die Anweisung, sich zu zeigen. Die Erfahrung, dass Menschen autonome Wesen sind, die sich nicht planbar wie Objekte von außen steuern lassen, kann sehr herausfordernd sein. Systemisch reden wir von der Autonomie sozialer Systeme, bei der eine instruktive Interaktion von außen nicht möglich ist. Wir können nicht einseitig bestimmen, wie andere sich verhalten sollen oder was sie denken mögen. Dahinter steckt die *Theorie autopoietischer Systeme* von Umberto Maturana (vgl. Ludewig 2014, S. 61–64). Lebende autopoietische Systeme erzeugen die Bestandteile, aus denen sie bestehen, selbst und grenzen sich gegen die Umwelt ab. Dies trifft auf kleine lebendige Systeme wie Zellen zu und auf Lebewesen, die aus vielen Zellen bestehen, wie den Menschen. Autopoietische Systeme handeln autonom. Sie können von außen höchstens verstört oder irritiert werden. Ein Austausch ist möglich, wenn eine Koevolution stattfindet. Das heißt, zwei lebende Systeme koppeln sich durch rekursive Interaktionen. »Rekursiv heißt, dass die Einheiten sich jeweils wechselseitig verstören, und zwar so, dass die jeweiligen Verstörungen gut zueinander passen und vom jeweils anderen in immer gleicher Weise verarbeitet werden« (von Schlippe 1996, S. 70). Verstörung ist hierbei im Sinne von »Wer lebt, stört« als ein lebendiges Agieren zu verstehen. Neurobiologisch geschieht dies zwischen Lebewesen durch Spiegelneuronen. Je stärker die gegenseitige Passung oder auch Empathie ist, desto mehr Resonanzphänomene sind zu beobachten (vgl. Bauer 2006).

Diese Erkenntnisse sind in der *Systemischen Autorität* vor allem bedeutsam für die Haltungs- und Handlungsfelder der *Selbstreflexion*, der *Selbstkontrolle* und der *Selbstführung*.

Wir können über andere nicht wirklich verfügen, sondern nur über uns selbst. Wenn wir in einer guten Selbstführung sind, die nach außen ausstrahlt und für positive Resonanz sorgt, kann dies jedoch auf andere wirken.

Der Perspektivwechsel als Möglichkeitsraumerweiterung
Perspektivwechsel verändern unser Blickfeld. Der Raum wächst und unsere Möglichkeiten des Wahrnehmens, Bewertens und Handelns erweitern sich. Indem wir unsere Perspektive verändern, verändert sich gleichzeitig die Perspektive unseres Gegenübers auf uns. Das erweitert die Möglichkeiten rekursiver Interaktionen. Diese Vergrößerung des Möglichkeitsraumes entspricht dem von Heinz von Foerster aufgestellten ethischen Imperativ systemischen Denkens und Handelns: »Handle stets so, dass du die Anzahl der Möglichkeiten vergrößerst!« (zit. nach von Schlippe 1996, S. 116).

Der Perspektivwechsel durch die körperliche Veränderung in der oben beschriebenen Visualisierung ermöglicht auch eine Umdeutung der Situation.

Zuerst standen die drei Personen in der Perspektive für die beobachtende Person versteckt hintereinander. Nach dem Perspektivwechsel stehen sie sichtbar nebeneinander.

Die Umdeutung oder das Reframing ist eine systemische Intervention, mit der Muster durch neue Sichtweisen unterbrochen werden (vgl. von Schlippe 1996, S. 177 ff.).

Beim Reframing bekommt eine Situation dadurch einen anderen Sinn, indem wir entweder den Rahmen oder die Beschreibung verändern. So können wir scheinbar negative Situationen positiv deuten.

Die Unterscheidung zwischen Mensch, Bedürfnis und Verhalten
Die Unterscheidung zwischen dem Menschen in seinem Sein, seinen Bedürfnissen und seinem Verhalten ermöglicht ein differenzierteres Verständnis menschlichen Handelns. Wir können das konkrete strittige Verhalten getrennt sehen vom Sein des Menschen. Das Verhalten von jemandem kann so als unerwünschter und veränderungsbedürftiger Zustand verstanden werden, der zugleich veränderbar ist. Dieses entspricht im systemischen Denken dem Verständnis von Problemen (vgl. von Schlippe 1996, S. 102 ff.). Wenn wir im Folgenden eher von strittigem Verhalten als von Problem reden, wird für uns deutlicher, dass es im Grunde um eine unterschiedliche oder

strittige Bewertung der Wirklichkeit geht (zum Begriff Problem siehe Kap. 4).

Während uns das Zuspätkommen von Herrn B. nervt, versteht Herr B. das vielleicht gar nicht, weil es in seinem vorherigen Team ein anderes Zeitverständnis gab. Diese Unterscheidung zwischen dem Menschen in seinem Sein und dem Verhalten (Problem) wird im systemischen Denken auch als Externalisierung bezeichnet (vgl. von Schlippe 1996, S. 168 ff.). Sie hilft zu unterscheiden zwischen dem strittigen Verhalten und der persönlichen Identität des Menschen. Externalisierung verstärkt die Unterscheidung der Bedürfnisse und führt zu einer weiteren Differenzierung. Über Bedürfnisse gibt es meist keinen Streit, sondern eher darüber, mit welchem Verhalten sie ausgedrückt werden. In der Mediation ist ein zentraler Schritt bei der Erhellung die Wahrnehmung der unterschiedlichen Bedürfnisse oder auch Interessen. Wenn sie verstanden und anerkannt werden, kann nach gemeinsamen Lösungen gesucht werden, die ein anderes Verhalten ermöglichen.

Mit der dreifachen Unterscheidung des Menschen in seinem Sein, seinen Bedürfnissen und seinem Verhalten können wir die Person als menschliches Individuum wertschätzen, ihre Bedürfnisse wahrnehmen und uns mit dem strittigen Verhalten auseinandersetzen.

2.2.2 Selbstverständnis Beratung und zu Beratende

Entscheidet sich ein Team für eine Teamentwicklung mit beraterischer Unterstützung, ist es wichtig, welches Verständnis die einzelnen Teammitglieder von der Beratung und sich selbst als zu Beratenden haben. Gibt es eine gemeinsame Sichtweise bezüglich der Beschreibung von Ziel, Weg und Rahmen der Teamentwicklung und den Verantwortlichkeiten?

Die Antwort auf die Frage, wer im Beratungsgeschehen welche Verantwortung trägt, kann gerade zu Beginn eine zentrale Wirkung auf den Ausgang und die Folgen einer Teamentwicklung haben. Im übertragenen Sinne gilt dies auch für alle Unterstützungsinteraktionen zwischen Führenden und Geführten.

Der Frage nach der Verantwortung gehen wir auf zwei Ebenen nach. Zum einen abhängig vom Beratungs- oder auch Unterstützungsverständnis und zum anderen vom Selbstverständnis der Anfragenden. Für Ersteres beschreiben wir die drei Grundmodelle der

Beratung von Edgar Schein. Für das Zweite nutzen wir die Kategorisierung Ratsuchender, wie sie Steve de Shazer vorgenommen hat.

Grundmodelle von Beratung

Edgar Schein beschreibt drei Grundmodelle von Beratung, die sich übertragen lassen auf Ratsuchende und Ratgebende, sei es privat oder beruflich (vgl. 2003, S. 23–38). Wir stellen die drei Grundmodelle in den Kontext von Team und Beratung.

Arzt-Patienten-Modell

Beim Arzt-Patienten-Modell oder auch bei der Expertenberatung hat das Team ein Problem, deren Ursachen ihm unbekannt sind. Die Mitglieder wissen keine Lösung und können oder wollen keine Lösungsansätze entwickeln. Die Beratung übernimmt die Verantwortung für die Diagnose und die Lösung. Sie gibt das Ziel, den Weg und den Rahmen vor.

Dies kann geschehen, wenn eine Unternehmensberatung ins Haus geholt wird, die vor allem die technischen Prozesse der Teamarbeit auf ökonomische Effizienz hin überprüft und entsprechende Handlungsempfehlungen erstellt.

Bei Teams oder einzelnen Teammitgliedern erleben wir ein solches Beratungsverständnis oft in Organisationen, die von einer *A1-Kultur* geprägt sind. Man ist gewohnt, Vorgaben auszuführen. Bei Schwierigkeiten soll jemand anderes aktiv werden und die Verantwortung übernehmen.

Fach-Beratungs-Modell

Im Fach-Beratungs-Modell weiß das Team, was das Problem ist. Die Mitglieder wissen, welche Lösung benötigt wird und woher die Lösung kommen kann. Die Beratung stellt die erforderlichen Informationen zur Verfügung und erarbeitet damit die Lösung. Sie übernimmt die Verantwortung für den Weg und den Rahmen.

Dies ist zum Beispiel der Fall, wenn wir einem Team auf konkrete Anfrage hin Modelle oder Instrumente der *Systemischen Autorität* vermitteln und das Team sie für sich selbstständig weiterentwickelt.

Prozess-Beratungs-Modell

Im Prozess-Beratungs-Modell hat das Team ein Problem. Es behält während des ganzen Beratungsprozesses die volle Verantwortung dafür und erarbeitet sich selbst mit Unterstützung die Lösung. Die Beratung unterstützt das Team darin, die prozesshaften Ereignisse seiner Umwelt wahrzunehmen, zu interpretieren, zu verstehen und ihnen durch Handeln angemessen zu begegnen. Beratung übernimmt die Verantwortung für den Rahmen und die laufenden Prozesse. Das Team soll im gemeinsamen Prozess unterstützt werden, sich selbst zu helfen.

Beratung mit Systemischer Autorität

Entsprechend dem systemischen Denken, wonach Beratung in der gemeinsamen Konstruktion des Prozesses nur anstoßen, anregen, begleiten, verstören oder irritieren kann, sollte es in der Beratung mit *Systemischer Autorität* eigentlich nur das dritte Modell geben. Zugleich gibt es im systemischen Denken eine Grundhaltung der Irreverenz – der Respektlosigkeit gegenüber Ideen aus Respekt gegenüber dem zu beratenden Menschen (vgl. von Schlippe 1996, S. 122 f.). Das heißt, das Ideal der reinen Lehre tritt auf dem Spielfeld der Alltagsrealität zurück zugunsten der Bedürfnisse der zu Beratenden. Dementsprechend ist auch eine Beratung mit *Systemischer Autorität* in allen drei Rollen oder auch Formaten herausgefordert. Ihre Verantwortung ist es, dies wahrzunehmen, transparent zu machen und entsprechende Vereinbarungen zu treffen. Das gehört mit zu der Verantwortung für die laufenden Prozesse.

Kategorisierung Ratsuchender

Bei der Kategorisierung Ratsuchender nach Steve de Shazer unterscheiden wir besuchende Teams, klagende Teams, Co-Beratende und kundige Teams. De Shazer entwickelte diese Kategorisierung ursprünglich für Therapierende, damit sie ihrer Klientel entsprechende Angebote machen konnten (vgl. von Schlippe 1996, S. 37). Sie lässt sich auch auf die Beratung von Einzelnen oder die Interaktion zwischen Führenden und Geführten übertragen.

Besuchende Teams

Teams, die als Besuchende kommen, sehen selbst keinen Anlass für die Teamentwicklung. Sie gehen davon aus, dass im Team alles läuft und dass es keinen Veränderungsbedarf gibt. Möglicherweise sind sie von der Personalentwicklung geschickt worden, oder die Führung hat ohne sie entschieden, dass eine Teamentwicklung stattfinden soll. Wenn wir hier mit einer Teamentwicklung starten, könnte die Verlässlichkeit fehlen, oder es wird sich nur vordergründig auf Arbeitsangebote eingelassen.

Als Beratende können wir versuchen, Vertrauen aufzubauen, indem wir bisherige Lösungen des Teams positiv wertschätzen und eine positive gemeinsame Zeit konstruktiv gestalten. Wenn der Kontakt gelingt, meldet sich das Team vielleicht wieder, sobald es selbst einen Unterstützungsbedarf sieht.

Klagende Teams

In klagenden Teams gibt es ein hohes Bewusstsein für die bestehenden Probleme. Es fehlt jedoch die Zuversicht, dass das Team sie lösen kann. Es bestehen hohe Erwartungen bezüglich Veränderung an andere, an die Führung oder an die Organisation. Bei sich selbst wird keine Veränderungsmöglichkeit gesehen. Das Team sieht sich als Opfer seiner Umgebung.

Als Beratende versuchen wir zunächst, durch Würdigung der Klage in Kontakt zu kommen. In der Folge können Fragen nach Ausnahmen der beklagten Situation und Differenzierungen der Probleme punktuell für eine Veränderung der Einstellung sorgen. Hilfreich ist die Frage: »Als wie realistisch schätzen Sie es ein, dass sich am konkreten Problem X etwas ändern lässt?« Manchmal sind die Strukturen so, dass die Wahrscheinlichkeit mit unter 10 % angegeben wird. Dann kann die (humorvoll) gestellte Folgefrage helfen: »Wenn das so ist, wie es ist, wäre es nicht gut, wenn wir Ihnen im Team bewusste Klagezeiten zur Verfügung stellten, z. B. immer um fünf vor zwölf?« Meistens möchten die Teams die Zeit dann gerne für ein Thema nutzen, bei dem die Veränderungsmöglichkeit als höher eingeschätzt wird.

Co-Beratende

Die Kategorie der Co-Beratung hat Steve de Shazer nicht aufgeführt. Co-Beratende haben wir als komplettes Team noch nicht erlebt. Es sind eher einzelne Teammitglieder, die diese Rolle einnehmen. Co-Beratende sehen das Problem und haben dafür bereits gut detailliert ausgearbeitete Lösungskonzepte. Sie wollen sehen, wie gut wir sind, eventuell von uns lernen oder mit uns in Konkurrenz gehen.

Als Beratende können wir sie wertschätzen und versuchen, sie in den Beratungsprozess zu integrieren. Die Herausforderung dabei ist manchmal, dass ihr Verhalten von den anderen Teammitgliedern als ein wesentlicher Anlass zur Beratungsanfrage gesehen wird, während sie selbst dies nicht wahrnehmen.

Wenn Co-Beratende einen Vorschlag von uns negativ kommentieren oder infrage stellen und wir merken, wie unsere Selbstkontrolle in Gefahr gerät, ist es hilfreich die »Noch-jemand?«-Frage zu stellen (vgl. Weisbord 2011, S. 132 ff.).

»Noch-jemand?«-Frage

Co-Beratende: »Dass wir immer wieder in verschiedenen Dreiergruppen arbeiten, nervt. Da kommen wir im Prozess nicht wirklich weiter.«

Beratung: »Noch jemand, der davon genervt ist?«

Diese Frage hilft vor allem, wenn ein Teammitglied sich so emotional oder negativ äußert, dass es Gefahr läuft, im Team abgestempelt zu werden. Es ist für das Team nicht hilfreich, wenn wir hier eskalieren oder ausgrenzen, indem wir einen Machtkampf über »richtig« oder »falsch« führen und vielleicht noch selbst nach Verbündeten im Team suchen, die das so wie wir sehen. Von Bedeutung ist eher, dass wir die mögliche Spaltung im Team abwenden. Dies gelingt am ehesten, wenn wir durch »Noch jemand …?« dem Teammitglied jemanden zur Seite stellen. Dadurch integrieren wir die gelebte Opposition (siehe Abschn. 11.2). Sollte sich kein »noch jemand« finden, können wir prüfen, ob wir es schaffen, uns selbst zu verbünden. Wenn dies nach innerer Selbstprüfung nicht der Fall ist, wäre unsere Antwort: »Es scheint so, dass Sie gerade allein diese Meinung haben. Können Sie trotzdem weiter mitarbeiten?« Wir lassen die andere Meinung stehen und laden zugleich zur Weiterarbeit ein.

Kundige Teams

Kundige Teams zeichnen sich dadurch aus, dass sie die bestehenden Probleme sehen und sie selbst ändern wollen. Sie haben die Zuversicht, dass Beratung sie dabei unterstützen kann. Sehr kundige Teams können differenzieren zwischen Fach- und Prozessberatung.

Bei kundigen Teams treffen wir mit dem Ansatz der *Systemischen Autorität* auf eine hohe Resonanz. Aus der Wirtschaft ist der Begriff der Kundenorientierung vertraut. Das Wort »Kunde« könnte verweisen auf einen »Kundigen«, auf jemanden, der sich auskennt (siehe von Schlippe 1996, S. 125). Die Haltung, dass Kund:innen kundig sind, lässt sich mit einer systemischen Dienstleistungshaltung verbinden. Gunther Schmidt spricht vom »Realitätenkellner« (Leeb et al. 2011), der seiner Kundschaft verschiedene Vorschläge von Wirklichkeit anbietet, aus denen sie kundig und selbstverantwortlich auswählen kann.

Während bei besuchenden und klagenden Teams vor allem *A1-* und *A2-Anteile* aktiv sind, zeichnen sich kundige Teams meist durch hohe Anteile von *A3* aus. Es gibt einen konstruktiven Umgang mit Führung und Autorität.

Dem entspricht eine Führung, die zu Führende als kundige Kund:innen ansieht. Lance Secretan (2006, S. 55) schreibt dazu:

> »Daher ist es die wichtigste Aufgabe der Führungskraft, als Quelle von Inspiration, persönlicher Entwicklung, Unterstützung und Orientierung ihrer wichtigsten Kunden zu handeln – und diese Kunden sind die Mitarbeiter. Sonst wäre die Führungskraft überflüssig; denn über die Arbeit selbst, über Ziele, Technologien, erwünschte Ergebnisse und professionelles Können wissen die meisten Mitarbeiter mehr als ihre Vorgesetzten. Ihre Mitarbeiter oder Teammitglieder sind die Kunden der Führungskräfte neuen Typs.«

2.2.3 Zugleich statt Entweder-oder

A1- und *A2-Kulturen* sind eher geprägt von einer Logik des Entweder-oder und von gegenseitigen Abwertungen.

Es geht zum Beispiel um Polaritäten von Werten wie: vertikale Hierarchie oder horizontale Gleichheit auf Augenhöhe, Distanz oder Nähe, der Mensch ist gut oder böse.

A3 versucht im Zugleich oder im Sowohl-als-auch mögliche Polaritäten zu integrieren beziehungsweise aufzuheben. Dies kann gelingen durch die gleichzeitige Wertschätzung beider Polaritäten oder durch das Hinzufügen eines dritten Wertes oder Faktors.

Letzteres entspricht der Idee des *Triadischen Denkens:*

> »Das neue triadische Denken versteht sich als Alternative zum binären Denken, das für die Beschreibung der meisten Phänomene, mit denen wir es in der menschlichen Interaktion zu tun haben, zu einfach ist. Triadisches Denken geht davon aus, dass drei Faktoren und deren Beziehungen zueinander gegenstandsadäquater sind als zwei« (Rappe-Giesecke 2008, S. 36).

Zwei Beispiele für *Triadisches Denken* stellen wir mit der *Teamtriade* (siehe Abschn. 7.3) und der Arbeit mit der *Triade beruflichen Handelns* (siehe Abschn. 11.1) vor.

2.3 Begriffsunterscheidungen im Sinne Systemischer Autorität

Sprache kann Haltung vermitteln und verdeutlichen. In diesem Sinne nehmen wir im Folgenden Begriffsunterscheidungen vor, die unser Verständnis der *Systemischen Autorität in Organisation und Führung* veranschaulichen.

2.3.1 Haltung statt Methode

Es gibt eine Vielzahl an Publikationen und Fortbildungsangeboten zu Führungsmethoden, die konkrete Handlungsweisen anbieten, wie Führende in bestimmten Situationen mit zu Führenden umgehen sollen. Frank Baumann-Habersack (2015, S. 29) weist darauf hin, dass viele Angebote im Blick auf die Herausforderungen heutiger Führung nicht weiterführen, da sie:

- nicht »die tatsächliche Führungskultur eines Unternehmens [...] abbilden«
- die Persönlichkeit und Emotionen der Führungskraft ausblenden und sie eher betrachten als eine »Mischung aus Oberlehrer, Marionettenspieler oder Dirigent«
- »die kommunikative Wechselwirkung zwischen Führungskraft und Mitarbeiter [...] ausblenden«
- davon ausgehen, »dass der einzige Dreh- und Angelpunkt in der Führung ausschließlich der Mitarbeiter ist«, den es zu verändern gilt.

Dagegen stellt *Systemische Autorität* die Führenden selbst mit ihrer Haltung in den Mittelpunkt, die sich in ihrer Präsenz ausdrückt. Die Haltung eines Menschen ist sichtbar und spürbar, unabhängig von dem, was er sagt. Wir erleben sie als für uns authentisch und sprechen dann von kongruent oder eben inkongruent, wenn Wort, Tat und Haltung nicht zusammenpassen. Demzufolge ist Führen mit *Systemischer Autorität* für uns eine Haltung und keine Methode.

Es kann jedoch passieren, dass Führung aus *A1* oder *A2* heraus die *Systemische Autorität* wie eine Methode nutzt, indem sie Instrumente der *Systemischen Autorität* steinbruchartig als Werkzeug (s. u.) verwendet. Das kann dann auf die Geführten wie alter Wein in neuen Schläuchen wirken und zu Widerständen führen. Mitwirkende haben eine hohe Sensibilität dafür, wenn die Verpackung nicht zum

Inhalt passt. Bedingt durch den gesellschaftlichen Wertewandel und den Fachkräftemangel wollen und müssen sie heute nicht mehr bedingungslos folgen.

2.3.2 Ansatz vor Konzept

In der Übertragung des Konzeptes der *Neuen Autorität* von Haim Omer und Arist von Schlippe auf den Kontext »Organisation und Führung« verwenden wir den Begriff »Ansatz«. Konzept stammt vom lateinischen »conceptus« und wird übersetzt mit »das Zusammenfassen«. Als Bedeutung für Konzept gibt der Duden (o.J.) u.a. »skizzenhafter Entwurf« oder »klar umrissener Plan, Programm für ein Vorhaben« an. In dem Sinne verstehen wir Konzept eher als etwas Geschlossenes, als die zusammenfassende Beschreibung von Zielen, Strukturen und Abläufen für die Tätigkeit in einem bestimmten Kontext.

»Ansatz« verstehen wir dagegen als etwas Offeneres. Er steht für etwas, das neu beginnt, wie der erste Ansatz einer Idee. Auf Ansätze lässt sich aufbauen. Sie laden ein zur Diskussion und Weiterentwicklung. Aus Ansätzen lassen sich Konzepte entwickeln.

Ein schönes Bild für unser Verständnis von Ansatz im Kontext *Systemischer Autorität* bietet die Bedeutung des Begriffs in der Musik. Dort ist Ansatz die Art der Erzeugung von Tönen beim Singen und die Umgangsart mit dem Mundstück eines Blasinstruments. Der Ansatz wirkt sich entscheidend auf die Qualität des Musikvortrages aus und verändert sich im laufenden Vortrag. Er hängt ab von der persönlichen Disposition und Erfahrung der Vortragenden sowie der Reaktion der Zuhörenden. Der Ansatz bedarf regelmäßiger Übung, will man ihn erhalten und die eigene Spielkunst weiterentwickeln.

Dieser Beschreibung von »Ansatz« und »Konzept« folgend, ordnen wir den Begriff »Konzept« als eher geschlossene Funktion der *A1-Haltung* zu.

Konzeptlosigkeit ordnen wir dagegen eher einer *A2-Haltung* zu.

Ansätze, die gemeinsam gestaltet werden und auf deren Grundlage sich Konzepte kontinuierlich weiterentwickeln lassen, verorten wir in *A3*.

In diesem Sinne vermitteln wir den Ansatz *Systemische Autorität in Organisation und Führung* und laden Führende, Teams und Organisationen ein, sich für ihren Kontext daraus eigene Konzepte zu entwickeln.

2.3.3 Modell als Hilfsmittel und Vorbild

»Modell« hat für uns im Kontext *Systemischer Autorität* eine doppelte Bedeutung.

Zum einen haben wir Modelle wie das *Autoritätsdreieck*, die *aha3-Haltungs- und Handlungsfelder*, die *aha3-Präsenzdimensionen* und das *aha3-Teammodell* entwickelt, um unseren Ansatz der *Systemischen Autorität* zu vermitteln. »Modell« verstehen wir hier als Hilfsmittel, mit dem eine Wirklichkeit, mittels eines Abbildes, vereinfacht dargestellt werden kann. Mit Modellen können komplexes Wissen und Erfahrung hilfreich vermittelt und begriffen werden. Die eindrücklichsten Modelle sind oft einfach gestaltet. Sie lassen sich auf verschiedene Kontexte anwenden und inspirieren zu weiteren Übertragungen. In der Komplexitätsreduzierung und Vereinfachung kann jedoch auch eine Gefahr liegen. Dies wird deutlich, wenn ein Modell nicht stimmig wirkt, weil es für mehr Fragen als Erkenntnisse sorgt oder wenn es als reales Bild der Wirklichkeit verstanden wird und keinen Raum für Interpretation bietet.

Damit Modelle in der Vermittlung und in der Praxis lebendig werden, braucht es Modelle in einem zweiten Sinn. Es braucht Menschen, die modellhaft vorleben, was mit einem Modell ausgedrückt werden soll. Joachim Bauer bezeichnet das als »Lernen am Modell« und bezieht sich dabei auf den Ansatz des kanadischen Psychologen Albert Bandura (vgl. Bauer 2008, S. 26–28). Bereits in den 1960er-Jahren stellte er seine Theorie vom »Lernen am Modell« vor. Albert Banduras Idee, dass Kinder und Jugendliche am besten vom Verhalten anderer Menschen als Vorbild lernen würden, passte damals nicht in die vorherrschenden psychologischen Theorien. Viele waren der Meinung, dass menschliches Verhalten aus dem Bestreben nach Belohnung oder aus Angst vor Strafe entstehen würde. Diese Vorstellung findet sich auch heute noch wieder, wenn versucht wird Verhalten mit Konditionierung zu steuern.

Es ist das bekannte Prinzip von »Zuckerbrot und Peitsche«, das in unterschiedlichsten Varianten auch heute noch vielfach von Führenden verwandt wird. Eine Wirkung mag damit zu erreichen sein, ob es jedoch zu Einsicht kommt und ob es nachhaltig ist, halten wir für fraglich.

Bauer bekräftigt das »Lernen am Modell« durch die Kenntnisse der Neurobiologie, die uns seit den 1990er-Jahren zur Verfügung stehen. Es »konnte ein automatisch und ohne bewusstes Nachdenken arbeitendes neurobiologisches System nachgewiesen werden, dessen einziger Zweck darin besteht, beobachtetes Verhalten anderer Menschen im Gehirn des Beobachters zu simulieren« (Bauer 2008, S. 27). Es handelt sich um Spiegelneuronen, die dafür sorgen, dass wir das, was andere uns vormachen oder fühlen, wie in einem Spiegel nachahmen. Wenn wir zum Beispiel jemanden sehen, der sich mit einem Hammer auf den Finger haut, spüren wir den Schmerz, und unser Umgang mit dem eigenen Hammer wird dadurch beeinflusst, oder wir sehen jemanden gähnen und müssen auch gähnen.

> »Spiegelnervenzellen ›übersetzen‹ das, was wir sehen oder miterleben, in eine Art diskretes inneres ›Mit-Tun‹, [...] Menschen, mit denen wir viel oder intensiv zu tun haben, hinterlassen in uns eine Art Bild, das uns verändern, ja zu einem Teil von uns werden kann« (ebd., S. 27 f.).

Damit die komplexitätsreduzierende und veranschaulichende Wirkung von Modellen wirklich erfahr- und spürbar wird, braucht es in diesem Sinne lebendige, personale Modelle, die Inhalt und Form in ihrem Rollenhandeln zur Deckung bringen.

2.3.4 Instrumente statt Werkzeuge

Auf Fortbildungen zur *Systemischen Autorität* hören wir oft den Wunsch nach konkreten Werkzeugen oder Tools dafür, für die Praxis besser gerüstet zu sein. Der persönliche Werkzeugkasten soll weiter gefüllt werden. Die Bedürfnisse, die hinter diesen Erwartungen stehen, kennen wir selber und können wir gut verstehen. Zugleich passen diese Bilder nicht zu unserem Ansatz. Mit Werkzeugen bearbeiten wir Materie oder stellen etwas her. Wir sind dann das Subjekt, und mithilfe des Werkzeuges bearbeiten wir ein Objekt, um es in eine bestimme Form zu bringen. Auch wenn manche Kunstschaffende sich in ihrem Tun vom Material inspirieren lassen, so bleiben sie doch die Subjekte und entscheiden über die Form.

Für uns passt hier wieder besser ein Bild aus der Musik. Wir bieten Instrumente – wie unsere Modelle – an, mit denen *Systemische Autorität* in der Praxis zum Klingen gebracht werden kann. Das heißt, wir geben Menschen Instrumente an die Hand, auf denen sie Melodien der *Systemischen Autorität* spielen können. Es liegt dann an Passung, Begabung und Übung, ob sie das Instrument so spielen, dass andere sich angesprochen fühlen.

Passung heißt, das Instrument an sich muss sowohl für die Musizierenden als auch die Zuhörenden passen, nicht alle mögen zum Beispiel Streichinstrumente.

Die Begabung zum Musizieren ist bei uns Menschen unterschiedlich vorhanden. Dass jemand völlig unmusikalisch ist, gibt es eigentlich nicht. Es ist eher eine Frage, wie die Heranführung an die Musik erfolgt und wie das geeignete Instrument gefunden wird. In diesem Sinne gehen wir davon aus, dass es in jedem Menschen *A3-Anteile* gibt, die nur entsprechend gefördert werden müssen.

Als Drittes braucht es regelmäßige Übung und einen modellhaften Unterricht, damit ein Instrument so zum Klingen gebracht wird, dass der Vortrag andere begeistert und inspiriert. Bei der Frage nach dem Anteil von Begabung und Übung geben Musizierende und Fachleute Letzterem eine wesentlich höhere Bedeutung.

2.3.5 Von Mitarbeitenden zu Mitwirkenden

Inzwischen erleben wir, dass in Organisationen nicht mehr nur von Mitarbeitenden, sondern auch von Mitwirkenden gesprochen wird. Dies kann auf die dahinterstehende Haltung und Kultur der Organisation verweisen (siehe Kap. 3).

Den Begriff »Mitarbeitende« verbinden wir eher mit Tätigkeiten, bei denen der Fokus vor allem auf die Erledigung der Arbeit gelegt wird. Menschen arbeiten an etwas mit, das erledigt werden soll. Die Tätigkeiten sind klar beschrieben und können mittels *Weisung und Kontrolle* (siehe Kap. 3) ausgeführt werden. Für die Formulierung der Ziele sind andere verantwortlich. Der Selbstorganisations- und Verantwortungsgrad hat für Mitarbeitende eine geringe Bedeutung.

Den Begriff »Mitwirkende« verbinden wir eher mit Tätigkeiten, bei denen der Fokus auf die Wirkung gelegt wird. Menschen wirken an etwas mit, das erreicht werden soll. Dabei kann die Wirkung unterschiedlich ausfallen, da die dafür durchzuführenden Tätigkeiten nicht klar beschreibbar sind. Umso wichtiger ist eine Zielformulierung, an der die Mitwirkenden beteiligt sind. Der Selbstorganisations- und Verantwortungsgrad hat für Mitwirkende eine hohe Bedeutung.

Für eine *Wirkung mit Einsicht* braucht es eher Mitwirkende als Mitarbeitende. Dementsprechend sehen wir in der Entwicklung von Mitarbeitenden zu Mitwirkenden eine wesentliche Aufgabe von *Führung mit Systemischer Autorität.*

In diesem Sinne verwenden wir in diesem Buch den Begriff »Mitwirkende«. Wo wir einen Kontext beschreiben, der eher von *Weisung und Kontrolle* (siehe Kap. 3) geprägt ist, verwenden wir den Begriff »Mitarbeitende«.

2.4 Mögliche Aha-Momente

- Die Haltung anderer Menschen wirkt auf uns zurück und andersherum.
- Der *Possibilismus* ist eine Haltung jenseits von Gut und Böse.
- Der Possibilist bringt Sonnenblumensamen zum Keimen.
- *Systemische Autorität* vertraut probeweise mit tragischer Zuversicht.
- Der Mensch mit seinen Bedürfnissen und seinem Verhalten ist ein autonomes Wesen.
- Wenn wir in guter Selbstführung sind, wirkt dies auf andere.
- Perspektivwechsel schafft einen neuen Rahmen.
- Die Wertschätzung des Menschen und seiner Bedürfnisse ermöglichen eine Veränderung von Verhalten.
- *Systemische Autorität* respektiert die Bedürfnisse der Ratsuchenden.
- Kund:innen sind kundig.
- Das Angebot einer regelmäßigen Zeit zum Klagen kann eine hilfreiche Intervention für klagende Teams sein.
- Durch das Aufzeigen einer dritten Möglichkeit löst *Triadisches Denken* Polaritäten auf.
- Aus Ansätzen lassen sich Konzepte entwickeln.
- Instrumente bringen Systemische Autorität zum Klingen.
- …

II Instrumente zur Teamreflexion

Für eine Teamentwicklung mit *Systemischer Autorität* sind wiederkehrende Klärungs- und Reflexionsschleifen ein wesentlicher Bestandteil dafür:

- alle Beteiligten zur gemeinsamen *Selbstreflexion* anzuregen
- die *psychologische Sicherheit* zu stärken
- die *Sinn- und Zielorientierung* zu fokussieren.

Zur Unterstützung der Teamreflexion nutzen wir bewährte Instrumente und solche, die wir weiter- oder neu entwickelt haben. Mit ihnen verknüpfen wir die Haltung der *Systemischen Autorität* mit den Handlungen im *aha3-Teammodell.*

Am Anfang einer Teamentwicklung erfolgt zunächst eine Klärung des Auftrags. In der Sondierung nehmen die Beteiligten, in einer gemeinschaftlichen Vergewisserung aller, die Situation wahr. Daraus erfolgt die gemeinsame Entscheidung für die weitere Teamentwicklung.

Sondierung ist für uns nicht auf die Anfangsphase beschränkt. Die wiederkehrende Selbstthematisierung im Team zur Klärung und Reflexion der Situation ist integraler Bestandteil einer Teamentwicklung mit *Systemischer Autorität.* Wir bieten sie an, wenn das ganze Team oder einzelne Teammitglieder sich in ihrer Handlungsfähigkeit eingeschränkt fühlen. Häufig ist dann die *Sinn- und Zielorientierung* unklar oder die *psychologische Sicherheit* wird als zu gering wahrgenommen. Dies kann sich im Team durch Widerstand (Angriff) oder Abwesenheit (Flucht) zeigen.

Mithilfe der Selbstthematisierung durch Reflexion lässt sich eine Klärung erreichen, durch die das Team wieder handlungsfähig werden kann. Im gemeinsamen Wir wird wieder *Eine-Sicht* auf die Situation ermöglicht.

Für die Teamreflexion nutzen wir vor allem die vier folgenden Instrumente, die sich ebenfalls in der Einzel- und Organisationsberatung einsetzen lassen:

- Der *Kulturquadrant* nach Hermann Arnold (2016) ermöglicht mit seiner bildlichen Darstellung Teams, sich in dem Spannungsfeld der Organisation zu verorten und das Wechselspiel von Selbst- und Fremdführung im Kontext der Organisationskultur wahrzunehmen (siehe Kap. 3).
- Das Modell *Niveaus der Handlungsfähigkeit* von Roland Kunkel und Carla van Kaldenkerken (2013) ermöglicht es Teams wahrzunehmen, wie viel Vertrauen und Sicherheit in ihrem System vorhanden ist (siehe Kap. 4).
- Die *aha3-Präsenzdimensionen* haben wir aus dem Präsenzmodell von Martin Lemme und Bruno Körner (2018) für den Kontext Organisation und Führung weiterentwickelt. Dieses Instrument ermöglicht im Team eine differenzierte Wahrnehmung der *Führungspräsenz* im Fokus auf konkrete Aufgaben oder strittiges Verhalten (siehe Kap. 5).
- Die *aha3-Teamevaluation* haben wir auf der Basis des *aha3-Teammodells* entwickelt. Sie ermöglicht die Wahrnehmung der Handlungsfähigkeit in Bezug auf die sieben Teamfaktoren (siehe Kap. 6).

Wir beschreiben die einzelnen Instrumente in Theorie und Praxis und verknüpfen sie jeweils mit dem Ansatz der *Systemischen Autorität*. Wenn wir dabei auf *A1*, *A2* und *A3* verweisen, beschreiben wir die Haltungen zur Veranschaulichung in ihrer ausgeprägten Form. Zugleich weisen wir darauf hin, dass nach unserem Verständnis bei allen Menschen die drei Anteile vorhanden sind. Sie sind dabei je nach Situation, Kontext und persönlicher Entwicklung unterschiedlich aktiv.

Für alle vier Instrumente ist die Anleitung durch eine Moderation hilfreich, die das Instrument idealerweise bereits in der Praxis erlebt hat. Die Moderation kann durch die Teamleitung, Teammitglieder oder eine externe Begleitung erfolgen. Je niedriger die Handlungsfähigkeit im System ist, desto notwendiger ist aus unserer Sicht eine externe Begleitung.

3 Kulturquadrant

Durch die Digitalisierung in Gesellschaft und Arbeitsmarkt wird Selbstführung in der beruflichen Tätigkeit immer wichtiger. Je standardisierter Arbeitsabläufe als fremdgesteuerte Programme beschrieben werden können, desto mehr wird ihre Ausführung durch Maschinen übernommen. Entsprechend werden fremdgesteuerte Tätigkeiten, die der reinen Ausführung ohne selbstständiges Denken und Fühlen bedürfen, künftig immer weniger von Menschen ausgeführt. Der Bedarf an Entwicklung zu Selbstführung und eigenverantwortlichem Arbeiten, sowohl für die Mitwirkenden als auch für Organisationen, wird weiter steigen.

Die Digitalisierung beeinflusst hier sowohl den allgemeinen gesellschaftlichen als auch den mittelbaren beruflichen *Kontext* (siehe Kap. 8).

Nach Matthias Zehnder wird die Digitalisierung auch für eine Veränderung des Menschenbildes sorgen. Dies beschreibt er eindrücklich in seinem Buch *Die digitale Kränkung. Über die Ersetzbarkeit des Menschen* (2019). In Anlehnung an die Formel von Johann Heinrich Pestalozzi, dass der Mensch aus »Kopf, Herz und Hand« besteht, sieht er nachhaltige Veränderungen für die Menschheit. Während die industrielle Revolution die Hand des Menschen ersetzt hat, übernimmt nach seiner Aussage mit der Digitalisierung die Künstliche Intelligenz – schneller, als wir denken – den Kopf des Menschen und führt seine Ersetzung durch Computer und Roboter fort. Es bleibt das Herz, das Matthias Zehnder als Chiffre für das setzt, »was man nicht zählen und berechnen kann: Gefühl, Intuition, Empathie, soziales Verhalten, Kreativität, soziokulturelle Fähigkeiten und das Streben nach geistigen Werten und Erfüllung« (ebd., S. 111). Nach dem rationalen Zeitalter der Aufklärung, das allein die Vernunft zum Primat allen Handelns erklärte, könnte das Zeitalter des Herzens anbrechen, indem wir uns auf Fähigkeiten besinnen, die nicht durch die Digitalisierung erfüllt werden können: »auf die Schaffenskraft, auf soziale Beziehungen, auf das Edle und Gute – auf das Herz« (ebd., S. 113).

Viele Organisationen und Mitwirkende sind, im historischen Kontext der Industrialisierung, noch sehr von einer Haltung und Kultur der Fremdsteuerung geprägt, die eher die Hand und den Kopf prämiieren.

Zur bildlichen Wahrnehmung dieses Wechselspiels von Mitwirkenden und Organisation im Spannungsfeld von Selbst- und Fremdsteuerung nutzen wir das Instrument *Kulturquadrant* (siehe Abb. 12).

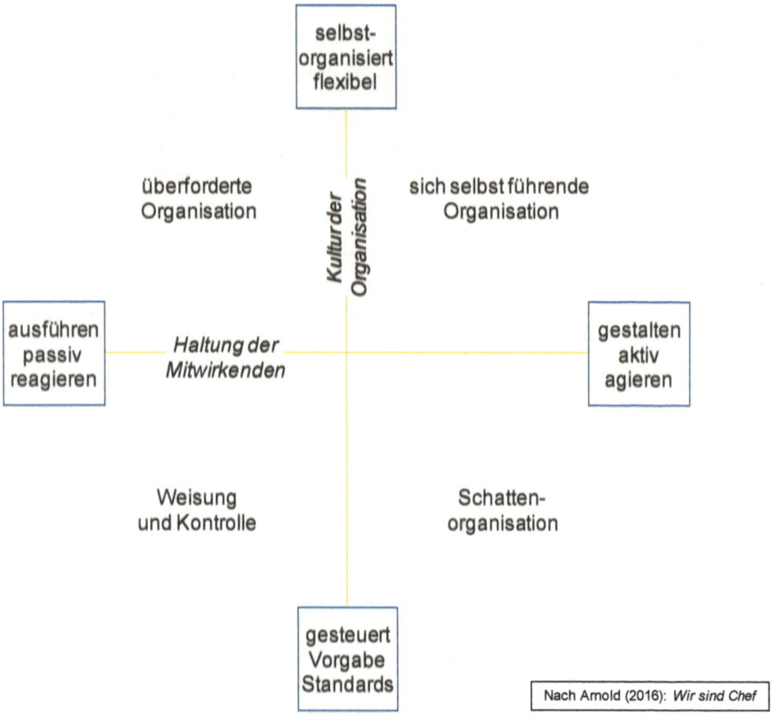

Abb. 12: Kulturquadrant nach Hermann Arnold

Den *Kulturquadranten* haben wir von Hermann Arnold übernommen. In seinem Buch *Wir sind Chef. Wie eine unsichtbare Revolution Unternehmen verändert* (2016) bietet er eine Landkarte an, die im Internet auch als *Der Haufe Quadrant* (2021) zu finden ist.

3.1 Darstellung

Im *Kulturquadranten* wird mithilfe von vier Polen ein Spannungsfeld aufgebaut, in dem sich ein Team mit der Haltung seiner Teammitglieder in der Kultur der Organisation verorten kann.

Auf der einen Achse wird die Kultur der Organisation abgebildet, auf der anderen Achse die Haltung der Mitwirkenden. Während wir unter »Haltung« die innere Einstellung des Menschen verstehen, die sich in seinem Verhalten zeigt und so von außen sichtbar wird, verstehen wir unter »Kultur« das Gesamtbild der Organisation, das sich für uns in den sieben Faktoren des *aha3-Teammodells* zeigt: *Vision/Ziele/Aufgaben, Aufbau/Rahmen/Struktur, Ablauf/Prozesse/Kommunikation, Sinn/Bedeutung/Inspiration, Gesundheit/Sicherheit/Energie, Wertschätzung/Motivation/Ausgleich* und *Führung*. In dem Zusammenhang trägt die Haltung der Mitwirkenden genauso zur Kultur der Organisation bei, wie sich auch die Kultur der Organisation auf die Haltung der Menschen auswirkt.

Auf diese Weise entstehen vier Quadranten.

Weisung und Kontrolle

Im Quadranten von *Weisung und Kontrolle* werden Anweisungen effizient durch vorgegebene Abläufe in definierten Prozessen von Mitarbeitenden ausgeführt. Strategisches Denken und Weiterentwicklung ist Aufgabe der Führenden. Starre Strukturen halten den Handlungsspielraum in engen Prozessen begrenzt.

Überforderte Organisation

Im Quadranten der *überforderten Organisation* wird von Mitarbeitenden die Haltung von Mitwirkenden gefordert. Ein agiles oder oft auch fehlendes Organisationsdesign trifft auf Mitarbeitende, die sich nach Vorgaben und klar definierten Prozessen sehnen. Trotz hoher Dynamik und maximaler Auslastung erfolgt meist ein nur ungenügender Output von geringer Qualität bei gleichzeitiger Überforderung der Mitarbeitenden.

Sich selbst führende Organisation

Im Quadranten der *sich selbst führenden Organisation* gibt es ein Zusammenspiel von flexibler Organisationskultur und eigenverantwortlichen Mitwirkenden mit Gestaltungswillen. Führende haben tiefes Vertrauen in die Selbstführung der Mitwirkenden und sehen ihre Aufgabe darin, sie zu stärken. Anforderungen des Marktes werden durch die Mitwirkenden eigenständig erkannt. Sie begegnen ihnen mit selbst entwickelten nutzbaren Konzepten und Angeboten.

Schattenorganisation

Im Quadranten der *Schattenorganisation* agieren Mitwirkende gegen die Haltung der Organisation. Starre, als autoritär erlebte Strukturen bremsen die Mitwirkenden aus und sorgen dafür, dass sie, oft an der Peripherie, eigenständige kleine Organisationen aufbauen. Diese Organisationseinheiten können als U-Boote oder kleine gallische Dörfer wahrgenommen werden.

In den Quadranten *Weisung und Kontrolle* sowie *sich selbst führende Organisation* stimmen die Erwartungen an Fremd- und Selbstführung zwischen der Organisation und den Mitarbeitenden sowie den Mitwirkenden überein. Hier kommt es normalerweise nicht zu größeren Auseinandersetzungen zwischen den Mitarbeitenden oder Mitwirkenden und ihrer Organisation. Herausfordernd kann es werden, sobald die Erwartungen an Selbst- und Fremdführung zwischen Mitarbeitenden oder Mitwirkenden und der Organisation auseinandergehen. Dies lässt sich in den Quadranten *überforderte Organisation* und *Schattenorganisation* beobachten.

3.2 Durchführung

Die Durchführung haben wir übernommen aus der »Arbeitshilfe 2: Der Quadranten-Check« (Arnold 2016, S. 299–303) und für unsere Arbeitsweise angepasst.

Die Abbildung 13 ist das Schlussbild einer Visualisierung, die wir mit den folgenden Arbeitsschritten durchgeführt haben:

- Darstellung und Erläuterung des *Kulturquadranten* mit Seilen und Karten. Im Durchschreiten werden die vier Quadranten durch die Moderation beschrieben und entsprechend markiert.
- Aufteilung der Beteiligten in Aktive und Beobachtende.
- Die Beobachtenden sitzen verteilt um das Feld und haben die Aufgabe, auf den körperlichen Ausdruck der Aktiven in dem jeweiligen Quadranten zu achten.
- Die Moderation lädt die Aktiven ein, in Stille durch die vier Quadranten zu gehen. Die Aktiven sollen vorher gemeinsam entscheiden, wo sie das Feld betreten und in welcher Reihenfolge sie gemeinsam durch die vier Quadranten gehen. In jedem Quadranten verbleiben die Aktiven eine Minute. Die Zeit wird von der Moderation vorgegeben. Die Aufgabe der Aktiven ist es, die unterschiedlichen Bilder und Emotionen, die in dem jeweiligen Quadranten auftauchen, wahrzunehmen. Hierbei geht es noch nicht um ihr eigenes Team, sondern um eine allgemeine Wahrnehmung des Feldes mit seinen vier Quadranten.

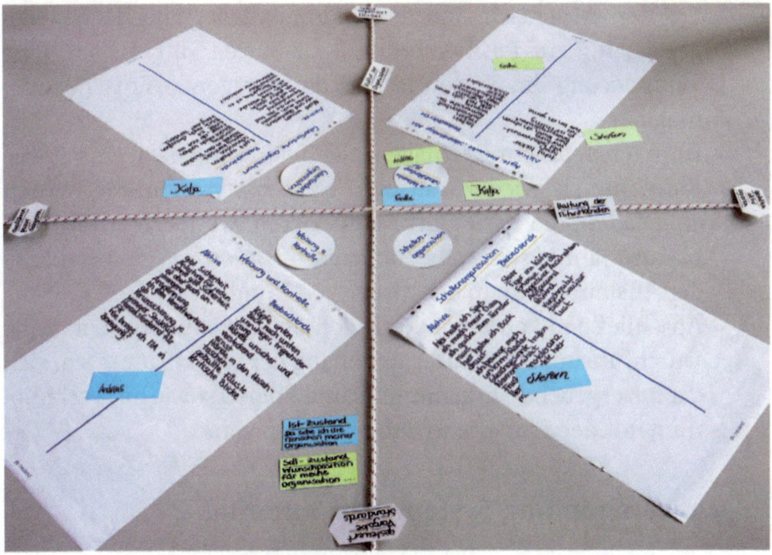

Abb. 13: Kulturquadrant Visualisierung

- Im nächsten Schritt gehen die Aktiven erneut in der gleichen Reihenfolge durch die vier Quadranten und tauschen sich über Gedanken, Bilder und Emotionen aus, die ihnen in dem jeweiligen Quadranten begegnen. Die Zeit wird für jeden Quadranten einheitlich festgelegt (fünf bis zehn Minuten). Wichtig ist eine Zeitnahme durch die Moderation, da das Zeitgefühl im Feld oft als unterschiedlich lang erlebt wird.
- Die Moderation hält die Aussagen der Aktiven für jeden Quadranten jeweils auf einem Flipchart fest.
- Nachdem die Aktiven den *Kulturquadranten* wieder verlassen haben, teilen die Beobachtenden in der gleichen Reihenfolge der Quadranten ihre Wahrnehmungen mit.
- Die Moderation fügt die Wahrnehmungen auf den vier Flipcharts hinzu und legt sie in die jeweiligen Quadranten.
- Nun erhalten alle Teammitglieder eine blaue Moderationskarte und versehen sie mit ihrem Namen. Sie sind eingeladen, ihre Karte so im *Kulturquadranten* zu verorten, wie sie den Ist-Zustand ihres Teams beurteilen. Manchmal fällt Teammitgliedern eine eindeutige Zuordnung schwer. Hier ist eine Teilung der Karten möglich.

- Für den Austausch sind die Teammitglieder eingeladen, sich gegenseitig zur Positionierung ihrer Karten zu befragen. Eine Veränderung der Karten ist aus der je eigenen Entscheidung möglich.
- Im nächsten Schritt erhalten alle Teammitglieder eine grüne Karte, die sie wieder mit ihren Namen versehen. Sie werden eingeladen, die Karte dort zu platzieren, wo ihr Team in zwei bis fünf Jahren sein sollte, um zukunftsfähig zu sein. Es erfolgt der Austausch wie in der vorherigen Runde.
- Abschließend kann eine Reflexion über das Instrument, seine Durchführung, den Zusammenhang der vier Quadranten, sich daraus ergebende Erkenntnisse und Fragen sowie die Verknüpfung mit der *Systemischen Autorität* erfolgen.

3.3 Verknüpfung Systemische Autorität

In der Verknüpfung mit der *Systemischen Autorität* zeigen wir auf, wie sich die drei Haltungen des *Autoritätsdreiecks* auf Teams in den vier Quadranten auswirken können.

Weisung und Kontrolle

In der Kultur und den Haltungen dieses Quadranten hat *A1* mit ihrer hierarchischen Orientierung lange Zeit ihre Wirkung entfalten können. Teammitglieder verstehen sich nicht als Mitwirkende, sondern als Mitarbeitende. Sie sind mit einem strukturierten und standardisierten Arbeitsplatz vertraut und zufrieden.

Eine Führung mit hohen *A1-Anteilen* kann hier auf eine starke Resonanz treffen. Eine Veränderung hin zur Selbstführung ist bei hohen *A1-Anteilen* im Team und in der Führung herausfordernd und möglicherweise in der Organisation nicht erwünscht.

Führung aus *A2* kann dazu führen, dass Teammitglieder, die es gewohnt sind, auf Anweisung zu arbeiten, sich überfordert fühlen. Vor diesem Hintergrund könnte mittelfristig eine Verschiebung des Teams in den Quadranten *Überforderte Organisation* erfolgen.

Führung aus der Haltung der *Systemischen Autorität* heraus hat die *Sinn- und Zielorientierung* im Fokus und sorgt zugleich durch ihre *Führungspräsenz* in den Haltungs- und Handlungsfeldern für die *psychologische Sicherheit.* Dadurch kann sie einer Überforderung vorbeugen und die Selbstführung aller Teammitglieder stärken.

Ein Teamentwicklungsprozess, der ein Team aus diesem Quadranten zu mehr Selbstführung und Eigenständigkeit befähigen soll, ist ein längerfristiger Prozess mit vielleicht nur kleinen Schritten.

Schattenorganisation

In diesem Quadranten treffen die *A2-Anteile* der Teammitglieder auf die *A1-Anteile* der Organisation. Die Autonomie- und Selbstbestimmungsbestrebungen der Teammitglieder treffen auf Vorgaben und Kontrolle der Organisation, die in diesem Quadranten wirken. Das Verhalten der Teammitglieder kann als Opposition wirken (siehe Abschn. 11.2).

Eine Führung aus *A2* heraus meidet die Auseinandersetzung und lässt das Team gewähren. Dadurch kann die *Sinn- und Zielorientierung* der Organisation gefährdet werden. Eine Führung aus *A1* heraus kann zu Konfrontationen führen, in deren Folge Teammitglieder innerlich kündigen.

Eine Führung aus *A3* heraus wertschätzt die Selbststeuerungsfähigkeit im Team und versteht die Rolle der Opposition als hilfreiche Korrektur. Mit dem gleichzeitigen Verweis auf *Sinn- und Zielorientierung* der Organisation lädt sie die Teammitglieder ein, die Vorgaben der Organisation mitzugestalten. Auf diesem Wege könnte es gelingen, dass Teams, die mit Projekten bisher im Schatten der Organisation agierten und dabei in Konflikte mit einzelnen Führenden gerieten, auf einmal unter neuer Führung zum Leuchtturmprojekt werden. Gegebenenfalls haben sie eine Entwicklung vorweggenommen, die auch die Organisation durch Anpassung von Standards und Vorgaben beziehungsweise deren Flexibilisierung gehen müsste, um zukunftsfähig zu sein.

Dies ist nicht immer möglich, und manchmal ist es notwendig, im Blick auf die *Sinn- und Zielorientierung* der Organisation zu verdeutlichen, dass ein Agieren im Schatten der Organisation nicht akzeptiert werden kann. Wenn Ziele und gelebte Werte zu sehr auseinandergehen und dadurch das Überleben der Organisation gefährdet ist, kann eine gemeinsame Auflösung im Sinne der Beendigung auch eine Lösung sein (siehe Kap. 4).

Überforderte Organisation

In diesem Quadranten finden wir in der Führung der Organisation häufig eine *A2-Kultur* vor, die sich durch Abwesenheit oder *Reden ohne Wirkung* auszeichnet. Sei es, weil die Führenden selbst überfordert sind oder weil sie Selbstführung propagieren, ohne wahrzunehmen, dass die Teammitglieder dazu (noch) nicht in der Lage sind. Die daraus folgende Überforderung in den Teams kann zu einer niedrigen Handlungsfähigkeit führen.

Häufig gibt es in diesem Quadranten eine Sehnsucht nach den vertrauten *A1-Anteilen*, die aus der Überforderung retten sollen. Entsprechend können hier die *A1-Anteile* von Führenden stark angesprochen werden. Wenn Führende dieser Versuchung mit *A1* nachgeben, werden sie sich mit dem Team im Feld von *Weisung und Kontrolle* wiederfinden. Das kann für den Moment wirksam sein, wird jedoch nicht zu einer nachhaltigen Entwicklung der Selbstführung beitragen.

Führung aus *A3* heraus nimmt Überforderung im System wahr. Sie benennt sie und schafft einen Rahmen, in dem mithilfe von Reflexion im Team Lösungsmöglichkeiten erarbeitet werden können.

Es kann sein, dass die Überforderung im Blick auf die konkrete Tätigkeit bei einzelnen Teammitgliedern einer so starken Entwicklung in *Person, Funktion* oder *Profession* (siehe Abschn. 11.1) bedarf, dass sie weder durch das Teammitglied noch durch die Organisation leistbar ist.

Unserer Erfahrung nach liegt eine Überforderung häufig in der Überforderung der Führung beziehungsweise in der Kultur der Organisation begründet. Hier hat es sich bewährt, zunächst für die Führung ein Coaching zur Stärkung der Selbstführung zu realisieren.

Sich selbst führende Organisation

Teams, die sich bei der Ist-Analyse in diesem Quadranten befinden, bilden für uns in vielfältiger Weise *A3* bei den Mitwirkenden, den Führenden und in der Kultur der Organisation ab. Selbstführung und Verantwortung hat für alle einen hohen Verwirklichungsgrad. Aus Mitwirkenden werden Mitgestaltende.

In diesem Feld sehen wir zwei große Herausforderungen. Zum einen die Wahrung der Gesundheit und zum anderen die Sicherstellung der Verbundenheit, sowohl im Team selbst als auch mit der Organisation und der Gesellschaft.

A1-Anteile im Team können dafür sorgen, dass das Team im zu engagierten Fokus auf die *Sinn- und Zielorientierung* in die Beschleunigungsfalle gerät. Die unreflektierte Lust am Immer-höher-und-weiter kann zur Überforderung einzelner Teammitglieder führen und sich auf die Gesundheit auswirken (siehe Kap. 13).

A2-Anteile im Team können dafür sorgen, dass Silodenken auftritt: In der Fixierung auf den eigenen Bereich oder die eigenen Ziele gerät die *Eine-Sicht* des Teams oder der Organisation in den Hintergrund. Dann könnten Teammitglieder aus einem Übermaß an selbstbestimmtem Handeln die Verbundenheit zu den anderen im Team und zu den Zielen der Organisation verlieren (siehe Kap. 9).

Die Quadranten *Überforderung* und *Schattenorganisation* sind in ihren extremen Ausprägungen auf Dauer für eine Organisation dysfunktional. Die Haltung der Mitwirkenden und ihre damit verbundenen Erwartungen sind nicht kompatibel mit der Kultur der Organisation. Dies kann entweder zu Handlungsunfähigkeit und Krankheit führen, oder die gemeinsame *Eine-Sicht* auf die *Sinn- und Zielorientierung* der Organisation ist gefährdet und damit das Überleben der Organisation selbst.

Die Quadranten *Weisung und Kontrolle* sowie *sich selbst führende Organisation* sind funktional. Das heißt, die Haltung der Mitarbeitenden und Mitwirkenden passt zur Kultur der Organisation. Gegenseitigen Erwartungen wird entsprochen. Mit Blick auf die Digitalisierung und ihre Folgen, wie wir sie zu Beginn dieses Kapitels benannt haben, wird der Bedarf für Arbeitskräfte in dem Quadranten *Weisung und Kontrolle* geringer werden, da diese Tätigkeiten immer mehr durch Roboter übernommen oder durch digitale Anwendungen ersetzt werden. Hier sehen wir nicht nur in der Arbeitswelt, sondern in der gesamten Gesellschaft einen grundsätzlichen Bedarf der Entwicklung von Mensch und Kultur.

3.4 Mögliche Aha-Momente

- Kultur der Organisation und Haltung der Mitwirkenden wirken aufeinander.
- *Weisung und Kontrolle* kann funktional sein.
- Überforderung und Schattendasein entstehen, wenn Erwartungen an Selbst- und Fremdführung nicht übereinstimmen.
- Im Schatten können Leuchttürme entstehen.
- Überforderung zeigt sich mit einer Sehnsucht nach *A1*.
- Selbstführung verstärkt die Entwicklung von Mitarbeitenden zu Mitwirkenden.
- Digitalisierung erfordert Entwicklung hin zu sich selbst führender Organisation.
- ...

4 Niveaus der Handlungsfähigkeit

Das Modell *Niveaus der Handlungsfähigkeit* entwickelten Roland Kunkel und Carla van Kaldenkerken ursprünglich für den Kontext der Mediation (2013).[9] Wir verwenden es in der Teamentwicklung insbesondere zur Einschätzung der Handlungsfähigkeit aller Beteiligten, um wahrzunehmen, ob im System ausreichend Vertrauen vorhanden ist. Mit dem Modell lässt sich die Handlungsfähigkeit aller Beteiligten reflektieren sowie aufzeigen, welches Verhalten und welche Unterstützungsformate für das Team funktional sein könnten. In der Weiterentwicklung haben wir das Modell in die *Präsente Führung* (siehe Abschn. 15.2) integriert.

4.1 Darstellung

In der Darstellung beschreiben wir zunächst das Modell mit seinen sieben Stufen.

Im zweiten Schritt verweisen wir auf die Bedeutung von Vertrauen und Sicherheit und nehmen anhand der *Autonomen Leiter* von Deb Dana eine Verknüpfung zur *Polyvagal-Theorie* vor.

Drittens beschreiben wir, welches Verhalten, bezogen auf die jeweilige Handlungsfähigkeit, funktional ist und welche Unterstützungsformate jeweils hilfreich sind.

4.1.1 Sieben Stufen

Im Modell *Niveaus der Handlungsfähigkeit* (siehe Abb. 14) gibt es sieben Stufen der Handlungsfähigkeit, die jeweils davon abhängen, wie das IST zum SOLL in Relation steht. Von der ersten, obersten Stufe bis zur siebten, untersten Stufe sinkt die Handlungsfähigkeit (roter Pfeil). Die Ordnung nimmt ab, Desorientierung und Verunsicherung nehmen zu. Wird auf den jeweiligen Stufen angemessen reagiert, kann

9 Inzwischen verwendet Carla van Kaldenkerken das Modell auch in der Beratung über Beratung im Kontext ihres Beratungskonzeptes zur Supervision (2014). Außerdem hat sie mit Roland Kunkel ein Kartenset zum Modell mit Begleitheft herausgegeben, in dem sie Ergebnisse aus den Neurowissenschaften aufgreift und auf die Bedeutung körperlicher Interventionen hinweist (2013).

die Handlungsfähigkeit steigen (grüner Pfeil). Die Ordnung nimmt zu, und die Funktionserfüllung rückt wieder in den Fokus.

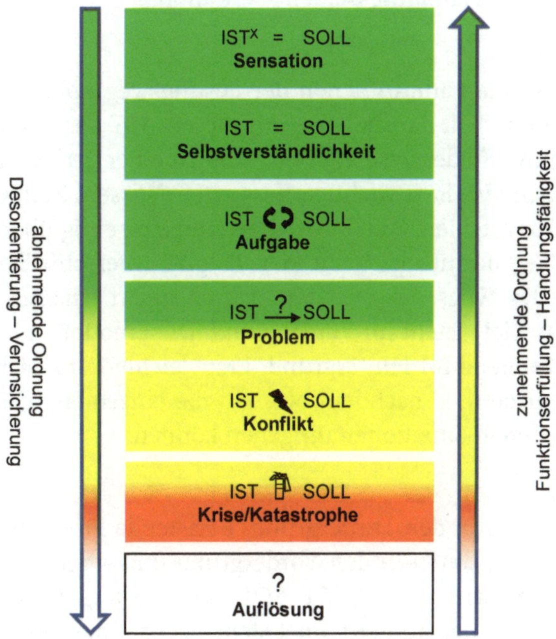

Abb. 14: Niveaus der Handlungsfähigkeit (nach Kunkel u. van Kaldenkerken)

Sensation

Die Ziele und Erwartungen werden durch das reale Geschehen übertroffen.

Ohne dass das Team bewusst tätig geworden ist, erlebt es eine positive Entwicklung in seinem Sinne. Das IST übertrifft das SOLL.

Selbstverständlichkeit

Alles ist so, wie es sein soll. Man hat vielleicht auch nicht mehr erwartet. Es herrscht Normalität. Alle wissen, was sie tun sollen, niemand muss Aufträge erteilen, und alle sind sich einig über das Ziel ihres Tuns und die Wege dorthin. Der IST-Zustand entspricht dem SOLL.

Aufgabe

Alle im Team sind sich einig über die Ziele, die erreicht werden sollen. Die Lösungswege sind allen bekannt und können mit den vorhandenen Ressourcen gut beschritten werden. Es braucht nur eine

Vereinbarung darüber, wer tätig wird. Die Teammitglieder steuern sich in einer funktionierenden Kommunikation selbst. IST und SOLL sind durch eine Handlungsschleife verknüpft.

Problem

Situationen treten auf, in denen der Lösungsweg unbekannt ist. Es herrscht Unklarheit darüber, wie aus diesem IST das SOLL erreicht werden kann. Hindernisse auf dem Weg zu einer gemeinsamen Lösung tauchen auf. Eine wichtige Ressource (Wissen, Zeit, Geld, Personal, ...) kann fehlen. Alle Beteiligten sind sich einig über das Ziel, aber der Weg dorthin ist nicht klar. Es gibt unterschiedliche Ideen bezüglich des Wegs, für die man sich engagiert einsetzt. Aber die Sache – das Ziel – steht im Vordergrund. Die Emotionen halten sich noch wohlwollend im Hintergrund. Erste leichte Verunsicherungen können auftreten, je nachdem, wie gut die einzelnen Teammitgliedern mit offenen Situationen umgehen können.

Konflikt

Die Sache rückt in den Hintergrund. Belastende Emotionen (Ärger, Trauer, Wut, ...) treten in den Vordergrund und sorgen für eine Atmosphäre des Misstrauens. IST, SOLL und Lösungswege sind umkämpft, weil zu viel auf dem Spiel steht, als dass dies den Teammitgliedern gleichgültig sein könnte. Die Handlungsfähigkeit und damit auch das Vertrauen im System sinken. Die *psychologische Sicherheit* im Team ist nicht mehr gewährleistet. Wenn auf der Stufe »Problem« noch das gemeinsame Ziel klar war, gerät es nun aus dem Blick. Die Beteiligten sehen ihre je eigenen Ziele sowie die dahinterstehenden Werte und Bedürfnisse in Gefahr. Entsprechend verteidigen sie ihre Werte, indem sie die anderen entwerten. Es gibt Streit und Drohungen, aber es sind noch keine nicht wiedergutzumachenden Schäden aufgetreten. Alle Beteiligten sind noch an einer gemeinsamen Lösung interessiert und bereit, sich dafür einzusetzen.

Krise/Katastrophe

Einer Konfliktbehandlung wird keine Chance mehr gegeben. Es ist mindestens für ein Teammitglied etwas Inakzeptables geschehen, das als nicht mehr verhandelbar erlebt wird. Belastende Emotionen haben sich verselbstständigt und für nicht wiedergutzumachende Schäden (körperliche Gewalt, Zerstörung der Reputation, psychische Gewalt, ...) gesorgt. Es gibt völlig verschiedene subjektive Wirklichkeiten und keinerlei gemeinsame Ziele mehr. Das IST und das SOLL sind nicht mehr im Fokus der Beteiligten.

Auflösung

Die Ressourcen sind erschöpft. Es kommt zur Auflösung der Zusammenarbeit. Die Trennung als Lösung wird ins Auge gefasst. Teammitglieder verlassen ihren Arbeitsplatz, geben einen Arbeitsbereich ab, oder das Team wird aufgelöst, indem für alle Teammitglieder eigene Ziele benannt werden, die sie künftig unabhängig voneinander erreichen können.

4.1.2 Vertrauen und Sicherheit

Aus unserer Sicht sind Vertrauen und Sicherheit im Team direkt mit der Handlungsfähigkeit verbunden. Teammitglieder, die sich hoch handlungsfähig fühlen, berichten zugleich von einem hohen Vertrauen im Team und nehmen ein starkes Sicherheitsgefühl war. Zum näheren Verständnis verknüpfen wir die Erkenntnisse der *Polyvagal-Theorie* zum *Autonomen Nervensystem* und der *psychologischen Sicherheit* mit den *Niveaus der Handlungsfähigkeit* und beschreiben dies im Folgenden für die einzelnen Bereiche (siehe Abb. 15).

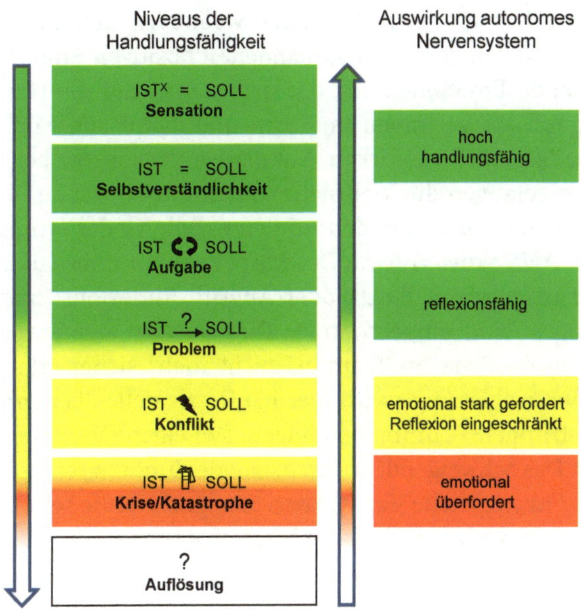

Abb. 15: Auswirkungen auf das autonome Nervensystem

Grüner Bereich

Im gesamten grünen Bereich von Sensation, Selbstverständlichkeit und Aufgabe besteht ein hohes Vertrauen im System, und die *psychologische Sicherheit* ist bei allen Teammitgliedern vorhanden. Positive Emotionen begleiten die gemeinsame Tätigkeit und tragen zur Teamzufriedenheit bei. Irritationen können direkt und offen angesprochen werden. Das Reflexionsvermögen ist bei allen Beteiligten voll vorhanden. Auf der *Autonomen Leiter* befindet sich das Team im oberen Drittel. Der ventrale Vaguspfad ist aktiviert und kann für soziale Verbundenheit sorgen. Befragt nach der Offenheit und Aufrichtigkeit im Team, berichten alle Teammitglieder über einen hohen Wert.

Die Ebene »Problem« erleben Teammitglieder häufig unterschiedlich, je nachdem, wie sie es gewohnt sind, mit offenen Situationen umzugehen, in denen zwar Einigkeit über das Ziel besteht, aber der Weg noch unklar ist. Einige befinden sich noch im grünen Bereich und erleben sich noch als handlungsfähig. Für andere dagegen ist die gelbe Linie schon überschritten.

Gelber Bereich

Beim Überschreiten der gelben Linie verändern sich die gefühlten Emotionen. Neben den noch vorhandenen positiven Emotionen treten belastende Emotionen auf, die sich negativ auf die Handlungsfähigkeit, auf das Vertrauen im Team und damit auch auf die *psychologische Sicherheit* auswirken. Mit dem Auftreten der belastenden Emotionen gelangen die Wahrnehmenden unbewusst auf der *Autonomen Leiter* nach unten in den mittleren Teil, wo der sympathische Zweig des *ANS* aktiviert wird. Der Körper nimmt unbewusst Gefahr wahr und reagiert mit Flucht oder Angriff. Reflexions- und Empathievermögen sind eingeschränkt. Dies passiert bei Teammitgliedern, die ihren Platz im Team als nicht mehr sicher erleben. Das Thema »Wertschätzung« wird hier häufig als erstes benannt, wenn wir nach strittigen Teamthemen fragen. Der eigene Wert im Team ist in Gefahr. Das schweigende wertschätzende Zuhören mit hoher *interpersonaler Präsenz* (siehe Kap. 5) kann eine große Hilfe sein, da es das Gegenüber nonverbal erreicht, die Wertschätzung stärkt. In der Folge können das Vertrauen und die Sicherheit wieder wachsen.

Roter Bereich

Beim Überschreiten der roten Linie wird die Situation von den betroffenen Teammitgliedern als höchst gefährdend erlebt. Der Grad des Vertrauens und die *psychologische Sicherheit* gehen gegen null. Der dorsale Vaguspfad wird aktiviert und sorgt für Erstarrung. Teammitglieder sind emotional überfordert und kognitiv kaum ansprechbar. Schutz und Sicherheit durch einseitige Maßnahmen für das ganze Team und einzelne Teammitglieder sind notwendig. In Fällen, in denen bei Befragungen nur einzelne Teammitglieder betroffen waren, ist zugleich eine entsprechende Aufarbeitung für das ganze Team hilfreich, da das Erleben von Vertrauensverlust und fehlender *psychologischer Sicherheit* einzelner Teammitglieder sich nachhaltig auf das ganze Team auswirken kann.

4.1.3 Funktionales Verhalten

Je nachdem, auf welchem Niveau der Handlungsfähigkeit sich ein Team oder einzelne Teammitglieder befinden, kann dasselbe Verhalten im Team funktional oder dysfunktional wirken. Unter »funktional« verstehen wir hier ein Verhalten, das als hilfreich erlebt wird und dadurch die Handlungsfähigkeit stärken kann. Als »dysfunktional« bezeichnen wir ein Verhalten, das als nicht hilfreich empfunden wird und dadurch für eine Schwächung der Handlungsfähigkeit sorgen kann. Analog gilt dies für funktionale Unterstützungsformate, die wir im Folgenden anhand der Abbildung Funktionales Verhalten (siehe Abb. 16) für jede Ebene mit aufführen.

Sensation

Das Team staunt über den aktuellen Status der Entwicklung und freut sich, dass sie ihn in ihrem Beruf erleben dürfen. Der Genuss, das Studieren und der Austausch darüber stärken die einzelnen Teammitglieder in ihrer Profession.

In der Modellierung dieser Situationen lässt sich reflektierend wahrnehmen, welche Bedingungen dazu unbewusst beigetragen haben, dass sie entstanden ist. Im Benchmarking schaut man auf die Teams, bei denen die meisten Sensationen passieren, im Hinblick darauf, was man von ihnen lernen kann.

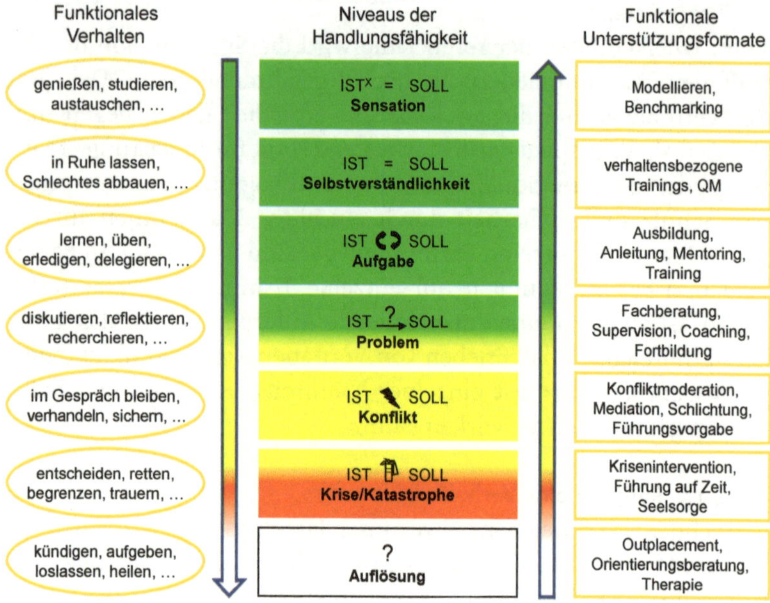

Abb. 16: Funktionales Verhalten (nach Kunkel u. van Kaldenkerken)

Selbstverständlichkeit

Selbstverständlichkeit findet man bei Teams, die länger miteinander tätig sind und alle ihre Aufgaben und Rollen gut geklärt haben. Hier gibt es meist keinen Bedarf an Unterstützung. Es gilt, das Team in Ruhe arbeiten zu lassen. Eventuell kann man erheben, wo sich in der Selbstverständlichkeit unangemessenes Handeln eingeschlichen hat und es gegebenenfalls durch verhaltensbezogene Trainings abbauen. Qualitätsmanagement unterstützt in sensiblen Bereichen, wie zum Beispiel bei einem OP-Team, dabei, dass auch in der Selbstverständlichkeit so wenig Fehler wie möglich passieren.

Aufgabe

Aufgaben werden erledigt oder delegiert. Neue Teammitglieder lernen die Abläufe und üben sie ein.

Sie bekommen Anleitung oder Trainings. Es herrscht eine hohe Handlungsfähigkeit, in der die Abläufe gut funktionieren.

Problem

Will man einen gemeinsamen Lösungsweg finden, hilft es, miteinander zu diskutieren, zu reflektieren und zu recherchieren. Eventuell gilt es, sich zwischen zwei Lösungswegen zu entscheiden. Im Blick auf das Ziel ist es möglich, auch einen von anderen vorgeschlagenen Lösungsweg mitzugehen, den die Mehrheit am sinnvollsten findet, auch wenn er nicht der eigene ist.

Zur Sortierung und Klärung kann auf dieser Stufe Supervision oder Coaching hilfreich sind. Fehlt eine wichtige Ressource, kann Fachberatung oder Fortbildung unterstützend wirken. Stellt sich ein Lösungsweg im Nachhinein als ideal für alle dar, kann das Problem künftig zur Aufgabe werden.

Konflikt

In dieser Situation ist es wichtig, im Gespräch zu bleiben und zu verhandeln. Es ist nicht mehr hilfreich, miteinander zu diskutieren »Du bist schuld, weil …« oder die Gefühle zu reflektieren: »Es geht mir nicht gut, weil du …«, da die Aussagen des anderen jeweils gegen ihn genutzt oder falsch verstanden werden könnten. Es braucht einen klaren Rahmen, der vor gegenseitigen Verletzungen schützt, der den Kontakt zwischen allen Beteiligten sowie gemeinsame Regeln sichert und der die Verhältnismäßigkeiten (Konfliktkosten versus Streitwert) im Blick behält. Es braucht eine Klärung, wer im Team mit wem, mit welchem Ziel und wie was bearbeiten kann und wie die Rückkopplung in das Team erfolgt. Wenn nicht das ganze Team betroffen ist, müssen nicht alle Teammitglieder an einer Klärung teilnehmen.

Dafür sollte eine allparteiliche Person, zu der alle Beteiligten Vertrauen haben, herangezogen werden. Je stärker der Konflikt eskaliert, umso wichtiger wird es sein, dass diese Person über Erfahrungen der Konfliktmoderation oder Mediation verfügt.

Krise/Katastrophe

Auf dieser Stufe ist ein Machteingriff von außen (Leitung, höhere Hierarchieebene) notwendig, weil die an der Situation Beteiligten mit ihrem bisherigen Verhalten destruktiv miteinander verstrickt sind. Druck und Hilfe müssen sinnvoll verschränkt werden. Es geht darum, zu entscheiden, zu retten, zu begrenzen und zu trauern. Zur Sicherung der Situation kann eine Krisenintervention oder Führung auf Zeit notwendig sein. Eine Krisenberatung oder Seelsorge kann zusätzlich zur Unterstützung hinzugezogen werden.

Wie bei den anderen Stufen ist auch hier noch eine Umkehr und ein Zurück nach oben möglich. Vereinzelt mag es Menschen geben, denen dies aus eigener Kraft gelingt. Wahrscheinlich sind das dann persönliche Momente der Einsicht, die zu Sensationen führen. Ansonsten bedarf es aus unserer Sicht dafür einer Führung oder Einzelberatung mit hoher *Systemischer Autorität.*

Auflösung

Durch Auflösung können das IST und das SOLL wieder in den Fokus kommen, und es kann sich eine neue – nicht mehr verbundene und nicht mehr abhängige – Handlungsfähigkeit entwickeln. Eine Auflösung kann sich unter anderem beziehen auf die Beendigung des Arbeitsverhältnisses, eine Umorientierung in der Organisation, auf die Zuständigkeit für bestimmte Aufgaben oder eine nicht erfüllte Erwartung.

Während der Phase einer Auflösung des Arbeitsplatzes kann eine Orientierungsberatung oder ein Outplacement, zur Aufarbeitung kann Therapie für einzelne Teammitglieder hilfreich sein.

4.2 Durchführung

Für eine Teamklärung mithilfe des Modells führen wir folgende Schritte durch:

- Darstellung der sieben Stufen des Modells mit Moderationskarten an einer Metaplanwand und Klärung von Verständnisfragen
- Verortung der Teammitglieder mit einem angepinnten Punkt in dem dargestellten Modell, wo jedes Teammitglied sich selbst aktuell mit seiner je eigenen Handlungsfähigkeit einschätzt
- gemeinsame Wahrnehmung des entstandenen Bildes mit ersten Reaktionen
- Erläuterung der Bedeutung von Vertrauen und Sicherheit, in Verknüpfung mit den Reaktionen des *autonomen Nervensystems,* und Klärung von Verständnisfragen
- Erläuterung des funktionalen Verhaltens und der funktionalen Unterstützungsformate für die unterschiedlichen *Niveaus der Handlungsfähigkeit* und Klärung von Verständnisfragen

- gemeinsame Reflexion der Erhebung vor dem Hintergrund der Erläuterungen mit der Möglichkeit zur Veränderung der eigenen Positionierung
- gemeinsame Entscheidung über das weitere Vorgehen und mögliche nächste Schritte.

Die Abbildung *Beispiel Niveaus der Handlungsfähigkeit* (siehe Abb. 17) zeigt die Visualisierung der durchgeführten Schritte.

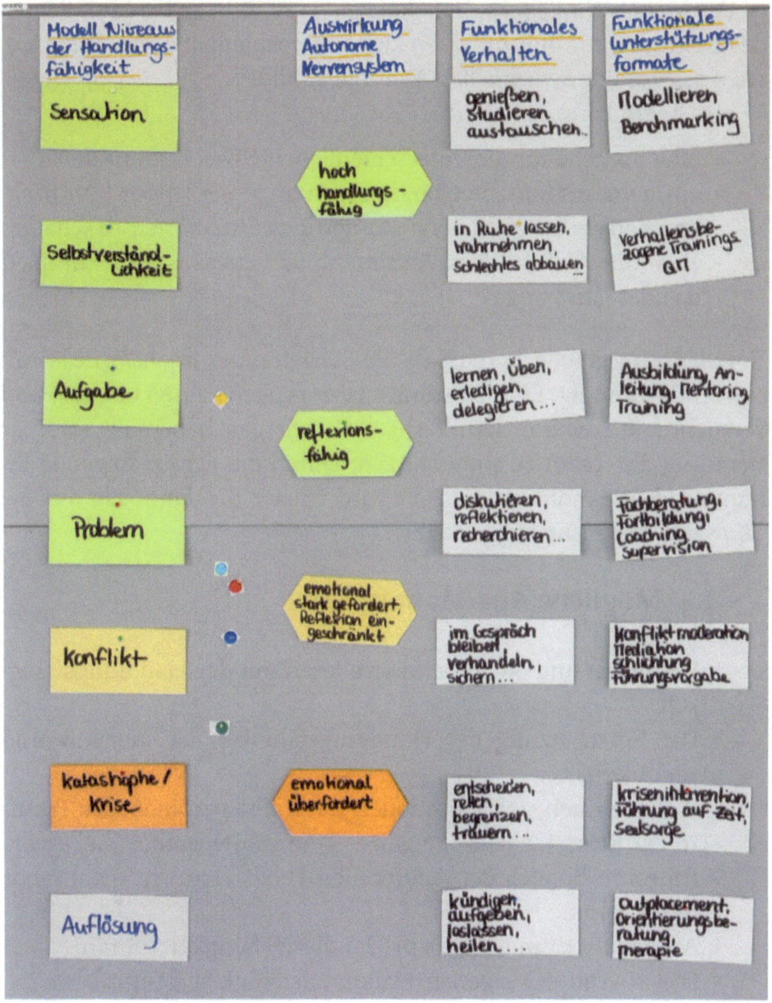

Abb. 17: Beispiel Niveaus der Handlungsfähigkeit

Durch das Verwenden von Pins für die Verortung besteht die Möglichkeit, dass die Teammitglieder ihre Verortung verändern können. Dies unterstreicht, dass es um eine subjektive Einordnung der Handlungsfähigkeit geht, die sich verändern lässt.

4.3 Verknüpfung Systemische Autorität

Wie sich aus den häufigen Verweisen in diesem Buch erkennen lässt, ist das Modell *Niveaus der Handlungsfähigkeit* für uns ein grundlegendes Instrument. Mit ihm lassen sich unterschiedliche Aspekte unseres Ansatzes der *Systemischen Autorität* abbilden.

Im Team kann es helfen:

- eine Sprache für die unterschiedlichen Niveaus zu finden
- ein gemeinsames Verständnis von angemessenem und funktionalenVerhalten in herausfordernden Situationen zu schaffen
- zu verdeutlichen, dass Vertrauen nicht etwas ist, das komplett da oder ganz weg ist.

Vor allem im gelben Bereich ist die Stärkung der *psychologischen Sicherheit* notwendig. Eine Führung aus *A3* ist sich dessen bewusst und versucht, mit funktionalem Verhalten sowie gegebenenfalls externer Beratung das Team zu unterstützen. Durch die daraus folgende Erhöhung der Handlungsfähigkeit wird wieder die *Eine-Sicht* auf die *Sinn- und Zielorientierung* möglich.

4.4 Mögliche Aha-Momente

- Vertrauen und Sicherheit korrelieren mit der Handlungsfähigkeit.
- Die Einschätzung der Handlungsfähigkeit ist subjektiv und veränderbar.
- Wahrnehmen von Sensationen stärkt und verbindet das Team.
- In der Krise/Katastrophe gibt es kein gemeinsames Ziel mehr.
- Im roten Bereich der Autonomen Leiter kann ich nicht mehr reflektieren.
- Auflösung kann wieder zur Handlungsfähigkeit führen.
- Das Niveau der eigenen Handlungsfähigkeit ist mit dem Zustand meines *ANS* verknüpft.
- ...

5 aha3-Präsenzdimensionen

Mit den *aha3-Präsenzdimensionen* lässt sich die Intensität einer *Führungspräsenz* in Bezug auf ein konkretes Verhalten reflektieren.[10] *Führungspräsenz* emergiert aus den *aha3-Haltungs- und Handlungsfeldern* und lässt sich hier in Qualität und Quantität verändern. Unserem Verständnis nach entscheiden die Qualität und Quantität darüber, ob Personen die *Führungspräsenz* autorisieren und ihr folgen. Durch diese Autorisierung kann Führung Prozesse initiieren, die bei strittigem Verhalten *Einsehen durch Einsicht* oder *Eine-Sicht* ermöglichen, in deren Folge sich Verhalten im System verändert.

Dementsprechend reflektieren wir mit den *aha3-Präsenzdimensionen* die Intensität der *Führungspräsenz* in Bezug auf konkretes strittiges Verhalten in einem bestimmten *Kontext*. In der Teamreflexion kann dies auf dreierlei Weise geschehen:

- Klientel zeigt strittiges Verhalten – das Team reflektiert in Bezug auf das strittige Verhalten die *Führungspräsenz* einzelner oder aller Teammitglieder. Aus Letzterer lässt sich die Intensität der *Führungspräsenz* des Teams gegenüber der Klientel ableiten.
- Ein Teammitglied zeigt strittiges Verhalten – Teamleitung oder Teammitglieder, die in Führung gehen, können in Bezug auf das strittige Verhalten alleine oder gemeinsam ihre *Führungspräsenz* reflektieren.
- Teammitglieder nehmen bei sich selbst strittiges Verhalten wahr – in *Selbstreflexion* können sie in Bezug auf das strittige Verhalten ihre Selbst-*Führungspräsenz* reflektieren.

10 Bei der Entwicklung der *aha3-Präsensdimensionen* bauen wir auf den Beschreibungen der Präsenz von Haim Omer und Arist von Schlippe in *Autorität ohne Gewalt* (2002) und *Stärke statt Macht* (2010) sowie der Weiterentwicklung als Präsenzdimensionen von Martin Lemme und Bruno Körner in *Neue Autorität in Haltung und Handlung* (2018) auf und haben sie für den Kontext Organisation und Führung weiterentwickelt.

5.1 Darstellung

Wir unterscheiden in den *aha3-Präsenzdimensionen* sieben Dimensionen, die wie ein Netz miteinander verbunden sind (siehe Abb. 18).

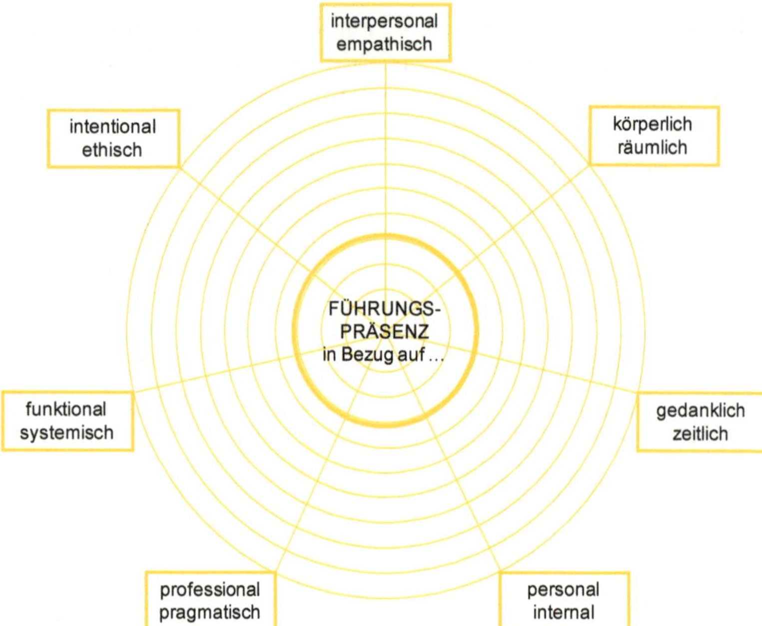

Abb. 18: aha3-Präsenzdimensionen

Die *aha3-Präsenzdimensionen* berücksichtigen:

- Raum und Zeit (*körperlich-räumlich, gedanklich-zeitlich*)
- die *Triade beruflichen Handelns* (*personal-internal, professional-pragmatisch, funktional-systemisch*)
- die Verbindung mit der *Sinn- und Zielorientierung* (*intentional-ethisch*)
- die Verbundenheit mit den zu Führenden (*interpersonal-emphatisch*).

Wir beschreiben die sieben Präsenzdimensionen jeweils kurz und verdeutlichen ihre Qualität mit entsprechenden Fragen, die jeweils in Bezug auf das strittige Verhalten im bestimmten Kontext zu beantworten sind.

Körperlich-räumlich

Unter der *körperlich-räumlichen Präsenz* verstehen wir die Wahrnehmung der Körperlichkeit im Raum:

- Wie gesund und energievoll fühle ich mich?
- Wie klar nehme ich meinen Körper, meine Haltung, meine Stimme wahr?
- Wie gut sitze oder stehe ich im Raum?
- Als wie angenehm erlebe ich den Raum mit seiner Größe, seiner Form, der Organisation und der Beleuchtung?
- Wie gut kann ich die anderen Anwesenden in ihrer Körperlichkeit im Raum wahrnehmen?

Gedanklich-zeitlich

Unter der *gedanklich-zeitlichen Präsenz* verstehen wir die Wahrnehmung des Denkens im Hier und Jetzt:

- Wie viel Zeit habe ich?
- Kann ich mit meinen Gedanken voll hier sein, oder lenken mich Erlebnisse aus anderen Kontexten ab?
- Bin ich mit meinen Gedanken im Jetzt, hänge ich noch Vergangenem nach oder denke schon an Zukünftiges?
- Lasse ich mich ablenken, zum Beispiel durch Nachrichten auf dem Smartphone?

Personal-internal

Unter der *personal-internalen Präsenz* verstehen wir die Selbstkontrolle, Regulierung und Selbstführung eigener Trigger und Emotionen:

- Wie gut kann ich mich kontrollieren?
- Wie stark steige ich in der möglichen Eskalation mit ein?
- Kenne ich meine Knöpfe, die mich triggern?
- Wie viel Angst habe ich vor meinen Emotionen und den Emotionen anderer?
- Wie leicht fällt es mir, eigene Emotionen zu benennen und sie konstruktiv den anderen zur Verfügung zu stellen?

Professional-pragmatisch

Unter der *professional-pragmatischen Präsenz* verstehen wir die Fachlichkeit und das Erfahrungswissen:

- Habe ich genügend Fachexpertise?
- Habe ich verschiedene Lösungsideen?
- Weiß ich, wo ich für fachliche Fragen Antworten erhalte?
- Habe ich ähnliche Situationen mit unterschiedlichen Ausgängen schon öfter erlebt?

Funktional-systemisch

Unter der *funktional-systemischen Präsenz* verstehen wir die Verbundenheit mit der Organisation und anderen Unterstützungssystemen:

- Wie fühle ich mich verbunden mit meiner Rolle, den Personen und den Strukturen in meiner Organisation?
- In welchem Maß kann ich mich auf mein Team, die Kolleg:innen und die Führenden verlassen?
- Gibt es Menschen, die meine Haltung teilen?
- Habe ich mir im Vorfeld Unterstützung geholt?

Intentional-ethisch

Unter der *intentional-ethischen Präsenz* verstehen wir die Verbundenheit mit dem Sinn und den Zielen der Organisation:

- Wie sinnvoll finde ich die Ziele meiner Organisation?
- Wie verbindlich stehe ich hinter ihnen?
- Wie verbunden fühle ich mich mit ihnen?
- Wie überzeugt bin ich von meinem eigenen Handeln und dem Handeln meiner Organisation?

Interpersonal-empathisch

Unter der *interpersonal-empathischen Präsenz* verstehen wir die Verbundenheit mit dem Gegenüber und das Interesse an der Beziehung:

- Wie verbunden fühle ich mich mit meinem Gegenüber?
- Welches Interesse habe ich an meinem Gegenüber?
- Wie leicht fällt es mir, empathisch zu sein?
- Was schätze ich an meinem Gegenüber, an der Person, Profession oder Funktion?
- Welche Beiträge meines Gegenübers für die Organisation kann ich sehen und wertschätzen?

Alle Dimensionen im Netz der Führungspräsenz bedingen sich gegenseitig. Wird eine Dimension geschwächt oder gestärkt, wirkt sich dies auf die anderen aus.

5.2 Durchführung

Für die Arbeit mit den *aha3-Präsenzdimensionen* haben wir das Arbeitsblatt *Selbsteinschätzung Führungspräsenz* entwickelt (siehe Abb. 19).

Führungspräsenz in Bezug auf … (1 = wenig – 10 = viel)	1	2	3	4	5	6	7	8	9	10
körperlich-räumlich ▪ Ich bin körperlich anwesend, und ich bin gesund. ▪ Ich nehme mich, andere und den Raum körperlich differenziert wahr.										
gedanklich-zeitlich ▪ Ich bin mit meinen Gedanken im Hier und Jetzt. ▪ Ich bin nicht abgelenkt und denke nicht an Zukünftiges oder Vergangenes.										
personal-internal ▪ Ich kann mich selbst kontrollieren und steige bei Eskalationen nicht mit ein. ▪ Ich habe wenig Angst vor eigenen/fremden Emotionen und kann sie konstruktiv einbringen.										
professional-pragmatisch ▪ Ich bin handlungsfähig und habe eine Auswahl an Lösungsmöglichkeiten der Situation. ▪ Ich habe fachlich-methodisches Wissen und bringe vielfältige Erfahrung mit.										
funktional-systemisch ▪ Ich bin mit meiner Rolle, den Personen und den Strukturen unserer Organisation verbunden. ▪ Ich kann mich auf mein Team und die Führung verlassen.										
intentional-ethisch ▪ Ich bin verbunden mit dem Sinn und den Zielen unserer Organisation. ▪ Ich bin voll überzeugt von dem, was ich tue, und vom Handeln unserer Organisation.										
interpersonal-empathisch ▪ Ich bin verbunden mit meinem Gegenüber und habe Interesse an der Beziehung. ▪ Ich schätze mein Gegenüber und sehe seinen Beitrag für unsere Organisation.										

Abb. 19: AB Selbsteinschätzung Führungspräsenz

Für die Einführung des Instrumentes und die Reflexion im Team schlagen wir folgende Schritte vor:

- Entscheidung für ein konkretes Verhalten, welches strittig ist und das mit Blick auf die Ziele der Organisation verändert werden soll.
- Visualisierung des Modells auf dem Boden mit Erläuterungen zu den sieben Dimensionen.
- Die Teammitglieder schätzen anhand des Arbeitsblattes ihre je eigene *Führungspräsenz* in Bezug auf das strittige Verhalten ein.
- Diese Einschätzung übertragen alle auf das visualisierte Modell am Boden, indem sie für jede Dimension einen Punkt entsprechend ihrer Einschätzung verorten. In dem Modell steigt die Präsenz von innen (1) nach außen (10) an.
- In der gemeinsamen Wahrnehmung und Reflexion können sich Erkenntnisse und Ideen darüber ergeben, wie die bestehende *Führungspräsenz* bei Einzelnen und im ganzen Team weiterentwickelt werden kann.

In der *Visualisierung Präsenzdimensionen* (siehe Abb. 20) wird beispielhaft deutlich, dass die *professional-pragmatische Präsenz* von zwei Teammitgliedern sehr niedrig ist, da sie bisher keine Erfahrungen mit dem strittigen Verhalten der Klientel haben. Ihre *professional-*

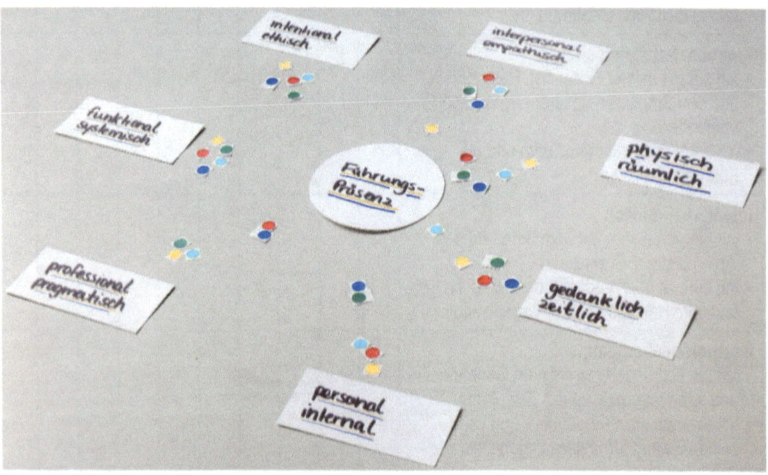

Abb. 20: Visualisierung Präsenzdimensionen

pragmatische Präsenz lässt sich stärken durch eine Zusammenarbeit mit erfahrenen Teammitgliedern oder eine fachliche Fortbildung. Dadurch würde auch die *Führungspräsenz* im Team gegenüber dem Verhalten der Klientel steigen.

5.3 Verknüpfung Systemische Autorität

Für unseren Ansatz *Systemische Autorität* haben die *interpersonal-empathische* und die *intentional-ethische Präsenz* die stärkste Bedeutung.

Wenn im System die *interpersonal-empathische Präsenz* gegen null geht, ist für die zu Führenden erfahrungsgemäß die *psychologische Sicherheit* nicht mehr vorhanden. Dies gilt umso mehr, je abhängiger die zu Führenden von der Führung sind. Ohne *psychologische Sicherheit* ist nicht genügend Vertrauen und Sicherheit dafür vorhanden, dass eine Wirkung mit Einsicht erreicht werden kann.

Wenn die *intentional-ethische Präsenz* gegen null geht, fehlt die *Sinn- und Zielorientierung*.

Bei der Wahrnehmung der Präsenzdimensionen ist zu berücksichtigen, dass ein hoher Grad der Präsenz nicht automatisch hilfreich sein muss. Zum Beispiel kann eine Führung durch ihre Körpergröße eine sehr starke körperliche-räumliche Präsenz haben, die für die Teammitglieder hingegen erdrückend wirkt.

Wir haben die Erfahrung gemacht, dass bei der *körperlich-räumlichen* und der *gedanklich-zeitlichen* Dimension eine als zu hoch erlebte *Führungspräsenz* häufig durch *A1-Anteile* geprägt wird. Dagegen scheinen hier bei einer als zu niedrig erlebten *Führungspräsenz* eher *A2-Anteile* zu wirken.

Eine gemeinsame Reflexion über die Selbst- und Fremdwahrnehmung von *Führungspräsenz* in Bezug auf ein Verhalten in einem bestimmten Kontext kann die *A3-Anteile* im System stärken.

Auf die Bedeutung der Intensität von *Führungspräsenz* gehen wir im Modell *Präsente Führung* weiter ein (siehe Abschn. 15.2).

5.4 Mögliche Aha-Momente

- *Führungspräsenz* braucht Autorisierung.
- *Führungspräsenz* lässt sich differenzieren.

- *Führungspräsenz* wirkt in Bezug auf Verhalten.
- Eine hohe *Führungspräsenz* ist nicht immer hilfreich.
- Bei geringer interpersonal-empathischer Präsenz ist die *psychologische Sicherheit* in Gefahr.
- Bei geringer *intentional-ethischer Präsenz* ist die *Sinn- und Zielorientierung* in Gefahr.
- …

6 aha3-Teamevaluation

Auf der Basis des *aha3-Teammodells* (siehe Kap. 7) haben wir die *aha3-Teamevaluation* entwickelt. Für jeden der sieben Teamfaktoren des Teammodells haben wir Aussagen entwickelt, mit deren Hilfe sich erheben lässt, als wie hoch die Teammitglieder die Entwicklung der einzelnen Faktoren in ihrem Team einschätzen und wo sie sich Veränderungen wünschen. Der so erhobene Veränderungswunsch lässt sich dann mit Instrumenten bearbeiten, die für die einzelnen Faktoren in Kapitel 9 bis 15 beschrieben sind.

6.1 Darstellung

In der *aha3-Teamevaluation* (siehe Abb. 21) stehen für jeden Teamfaktor Aussagen, die auf den idealen Entwicklungsstand des einzelnen Faktors hinweisen. Hinter jeder Aussage besteht die Möglichkeit einzuschätzen, wie hoch die Übereinstimmung mit den Aussagen ist. Eine Eins steht für eine geringe und eine Fünf für eine hohe Zustimmung. Dazwischen sind die Spalten für die Zwei, die Drei und die Vier abgebildet. Die Drei bildet den Mittelwert ab. Die Teamevaluation gibt eine subjektive Einschätzung zur Wahrnehmung des Ist-Standes zum aktuellen Zeitpunkt wieder. Ziel ist es, herausfordernde Themen im Team zu erkunden und es dem Team zu ermöglichen, über diese Themen ins Gespräch zu kommen.

In der letzten Spalte »Veränderung« besteht die Möglichkeit, bei den Teamfaktoren ein Kreuz zu markieren, bei denen eine Veränderung gewünscht wird.

Die niedrige Einschätzung eines Faktors muss nicht dazu führen, dass Teammitglieder an dem Faktor eine Veränderung wünschen. Dies erleben wir, wenn einzelne Teammitglieder oder das ganze Team den notwendigen Aufwand (Zeit, Geld, Energie) als zu hoch einschätzen oder ihnen die Veränderung, bedingt durch den *Kontext* (siehe Kap. 8), zu dem Zeitpunkt nicht möglich erscheint.

Markiere, wie hoch deine Übereinstimmung mit den Aussagen ist (geringe Zustimmung = 1 bis hohe Zustimmung = 5). Markiere anschließend maximal zwei Kreuze bei den Faktoren, bei denen du dir eine Veränderung wünschst.						
Aussagen zu den sieben Teamfaktoren	**1**	**2**	**3**	**4**	**5**	Ver-änderung
Vision/Ziele/Aufgaben: Wir haben als Team eine Vision unserer Arbeit für das Jahr 20... Wir sind uns über unsere Ziele einig. Wir haben ein gemeinsames Verständnis davon, welches unsere Aufgaben sind.						
Aufbau/Rahmen/Struktur: Wir wissen, wie wir unsere Aufgaben aufteilen. Die Strukturen (Zuordnungen, Zeiten, Regeln ...) dafür sind klar. Uns stehen die Ressourcen, die wir benötigen (Wissen, Personal, Material, Räume ...), zur Verfügung.						
Ablauf/Prozesse/Kommunikation: Im Blick auf unsere Aufgaben und unser Miteinander leben wir eine konstruktive Kooperation. Wir sind über unsere Kooperation in einem regelmäßigen Austausch, der hilfreich für das Team ist.						
Sinn/Bedeutung/Inspiration: Unsere Arbeit ist sinnvoll. Unsere Aufgaben sind bedeutsam. Wir wissen voneinander, was uns je individuell inspiriert und welches die je unterschiedliche Quelle unseres Handelns ist.						
Gesundheit/Sicherheit/Energie: Wir haben ein gesundes Arbeitsumfeld. Wir fühlen uns im Team sicher und können alles mit Leichtigkeit ansprechen. Die Energiebilanz im Blick auf die Energieräuber und Energietankstellen in unserer Arbeit ist positiv.						
Wertschätzung/Motivation/Ausgleich: Wir geben und erhalten gegenseitig regelmäßig wertschätzende Rückmeldungen. Unsere Motivation für die Arbeit ist hoch. Das Geben und Nehmen in unserem Team ist ausgeglichen.						
Führung: Die Teamfaktoren werden wahrgenommen und sind in funktionaler Balance. Führung ist präsent. Sie wird sichtbar in einer Haltung, die geprägt ist durch Selbstreflexion, Selbstführung, Kooperation, Transparenz, Klarheit und Beziehung.						

Abb. 21: aha3-Teamevaluation

6.2 Durchführung

Die *aha3-Teamevaluation* dient als Reflexionsinstrument zur Wahrnehmung, Einschätzung und Priorisierung der Faktoren, die für die Teamentwicklung von Bedeutung sind.

Sie kann von einer Teamleitung in der Einzelreflexion oder dem Team gemeinsam verwendet werden.

In der Beratung setzen wir die *aha3-Teamevaluation* zur Sondierung und als Teamcheck im Rahmen von Teamentwicklung oder Teamsupervision ein.

Im Sondierungsgespräch für eine geplante Teamentwicklung gehen wir mit dem Team den Bogen gemeinsam durch und erheben so, wo die Schwerpunkte liegen könnten.

Bei ausführlichen Sondierungen erhalten die Teammitglieder den Evaluationsbogen im Voraus. Entweder bringen sie den jeweils selbst ausgefüllten Bogen zum gemeinsamen Sondierungsgespräch mit, oder wir erhalten die Bogen vorher zurück, sodass das gesammelte Ergebnis die Grundlage für die weiteren Gespräche bildet.

Beim Teamcheck visualisieren wir das *aha3-Teammodell* mit seinen Faktoren auf dem Boden. Nach der Erläuterung laden wir zur Einzelreflexion mithilfe der *aha3-Teamevaluation* ein. Die Begründung für ihre Einschätzung halten die Teammitglieder stichwortartig auf Karten fest. Die Ergebnisse werden im gemeinsamen Austausch für alle sieben Teamfaktoren nacheinander präsentiert und reflektiert. Abschließend erfolgt gegebenenfalls eine gemeinsame Vereinbarung zur Teamentwicklung. Es sollte ausreichend Zeit für den Teamcheck eingeplant werden. Unserer Erfahrung nach kann und darf er gut einen ganzen Tag füllen.

6.3 Verknüpfung Systemische Autorität

Hohe *A1-Anteile* in Führung und Team könnten dazu verführen, den Fokus auf die Bewertung hinter jeder Aussage zu legen. Daher haben wir bewusst nicht das Notensystem der Schule verwandt, wir wollen nicht den Anschein einer abschließenden Bewertung erzeugen.

Hohe *A2-Anteile* in Führung und Team könnten dafür sorgen, dass strittige Dinge um des lieben Friedens willen nicht benannt werden oder zu andauernden wiederkehrenden Diskussionen führen. Daher haben wir die Spalte der gewünschten Veränderungen eingefügt, da sie hilfreich für Entscheidungen sein kann.

Eine *A3-Führung* schafft wertschätzend und wertungsfrei einen Rahmen der *psychologischen Sicherheit*, in dem sich Teammitglieder offen zu allen Faktoren äußern und in dem Vereinbarungen getroffen werden können.

6.4 Mögliche Aha-Momente

- Eine strukturierte Form der Evaluation schafft Distanz und ermöglicht Offenheit.
- Nicht jede Unzufriedenheit will verändert werden.
- Ein Teamcheck braucht Zeit.
- Wahrnehmung statt Bewertung stärkt die psychologische Sicherheit.
- …

III Teamentwicklung mit Systemischer Autorität

Ausgangspunkt unserer *Teamentwicklung* mit *Systemischer Autorität* ist das *aha3-Teammodell* (siehe Abb. 22).

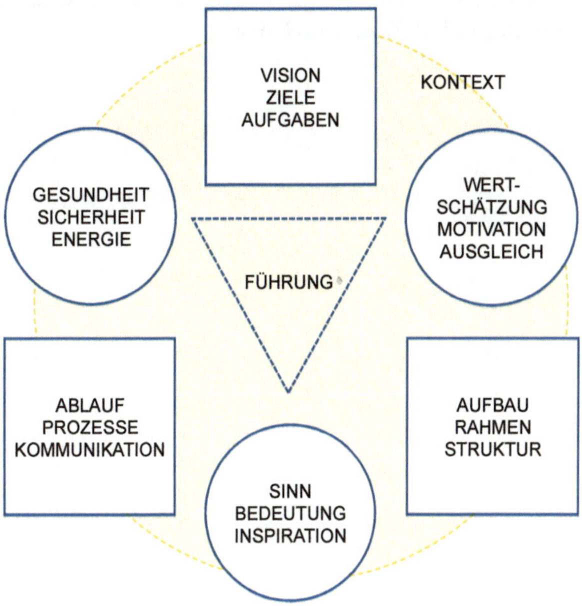

Abb. 22: aha3-Teammodell

Es besteht aus sieben Faktoren, die wie in einem Mobile miteinander verbunden sind und abhängig vom *Kontext* in der Teamentwicklung wirken.

Zunächst erläutern wir in Kapitel 7 unser Verständnis von Teamentwicklung und geben eine Einführung in das *aha3-Teammodell.*

In Kapitel 8 behandeln wir den *Kontext*, bevor wir in Kapitel 9 bis 15 nacheinander auf die sieben Faktoren des *aha3-Teammodells* eingehen. Dabei geben wir in jedem Kapitel einen Input zu Verständnis und Bedeutung des jeweiligen Faktors. Anschließend stellen wir jeweils drei Modelle, Instrumente, Impulse oder Übungen für die praktische Teamentwicklung vor.

Für jeden Faktor bieten wir zu Beginn des Kapitels Leitfragen an. Mit diesen Leitfragen verweisen wir auf die wesentliche Wirkung des jeweiligen Faktors. Gleichzeitig sind sie wie ein roter Faden im *aha3-Teammodell*, sie verbinden und geben Orientierung. Wir greifen die Leitfragen in den Inputs zum Teil direkt und manchmal indirekt auf. In gleicher Weise finden sie sich in den Instrumenten, Modellen, Impulsen und Übungen der jeweiligen Faktoren wieder. Für eine abschließende Reflexion stellen wir in Abschnitt 15.3 diese Leitfragen zusammen mit dem *aha3-Teammodell* dar.

7 Entwicklung des aha3-Teammodells

Bevor wir uns dem *aha3-Teammodell* in Theorie und Praxis zuwenden, nehmen wir eine Begriffsklärung zu »Team« und »Teamentwicklung« vor und führen in das Modell und seine Entstehung ein.

7.1 Team

Nach unserem Verständnis definieren wir Team folgendermaßen:

> Team ist der Zusammenschluss von mindestens drei Personen in einem bestimmten Kontext, die zur Lösung einer Aufgabe oder zur Erreichung eines Zieles aufeinander angewiesen sind.

Eva Renate Schmidt und Hans Georg Berg benennen für ein Team die folgenden Kriterien (vgl. 1995, S. 264):

- drei bis ca. zwölf Mitglieder
- die innerhalb einer Organisation
- mit denselben Gesamtzielen
- in einem kontinuierlichen Zeitrahmen
- innerhalb definierter Grenzen
- sich selbst steuernd
- kooperieren müssen und
- aufeinander angewiesen sind
- um ihre Ziele zu erreichen.

Von diesen Kriterien hat die Größe des Teams eine besondere Bedeutung, da sie sich auf Format, Instrumente und Rahmen der Teamentwicklung entscheidend auswirkt.

Sind es nur zwei Personen, die in ihrer Kooperation Rollen und Entscheidungen verhandeln, gehen wir eher davon aus, dass eine Paardynamik stattfindet. Dementsprechend sprechen wir hier nicht von »Team«, sondern von »Tandem«, »Dyade« oder »Duo«. Eine beraterische Unterstützung der beiden verorten wir eher im Format »Coaching«.

Ab welcher Größe ein Team im engeren Sinne nicht mehr ein Team, sondern eher eine Gruppe, ein Kollegium oder eine Organisation ist, lässt sich nicht genau an Zahlen festlegen. Wir stellen den Begriff »Team« infrage, wenn der Beitrag aller, die beteiligt sind, nicht mehr notwendig ist oder sich, bedingt durch die Größe, autonome Teilteams bilden. Letzteres kann unserer Erfahrung nach ab sechs Personen geschehen, insbesondere, wenn es keinen Rahmen und keine transparente Führung gibt, die die Kooperation aller absichert. Bei unserer Darstellung der Instrumente und Übungen gehen wir von Teams mit maximal zwölf Mitgliedern aus. Das *aha3-Teammodell* lässt sich auch auf Organisationen mit größeren Systemen übertragen. Die Arbeit an den einzelnen Faktoren erfolgt dann jedoch in einem anderen Rahmen – mit Methoden und Instrumenten für Großgruppen im Format der Organisationsentwicklung.

7.2 Teamentwicklung

Teamentwicklung wurde lange als ein geführter Prozess verstanden, in dem das Team in seiner Entwicklung durch Führung und gegebenenfalls externe Fachberatung angeleitet wird. Die Zusammenarbeit im Team wurde wie das Funktionieren einer Maschine betrachtet. Zur Teamentwicklung wurden von außen Maßnahmen durchgeführt, mit denen das Team eher optimiert als entwickelt werden sollte.

Inzwischen wird Teamentwicklung auch als autonomer Prozess verstanden, in dem sich das Team als soziales System in einem bestimmten Kontext entwickelt. Neben der Autonomie lebender Systeme, die miteinander in Resonanz gehen, entstehen dynamische Prozesse in der Ausbalancierung der individuellen Bedürfnisse der Teammitglieder und des Gesamtbedarfs des Teams.

Dieses Verständnis entwickelte sich in den 1970er-Jahren aus den Erfahrungen der Therapie- und Trainingsgruppen. Zur Teamentwicklung wurden jetzt vor allem Maßnahmen durchgeführt, die sich mit der Dynamik der Teams und den Bedürfnissen der Menschen im Team beschäftigten.

Hier ist zum Beispiel das Tuckman-Modell einzuordnen, welches auch als Team-Uhr bekannt ist. Wir verwenden es zur Verdeutlichung der Bedeutung von Gruppendynamik in Teams unter Rückgriff auf

Dynamik in Gruppen von Eberhard Stahl (2002), in dem Bewusstsein, dass dieser Blickwinkel nur einen kleinen Ausschnitt der Komplexität von Teams abbildet.

Heutzutage ist es gängige Praxis, dass Teamentwicklung beide oben beschriebenen Prozesse berücksichtigt. Dies finden wir zum Beispiel bei Elmar Philipp mit seinem Modell der »Multiprofessionellen Teamentwicklung«. Er weist mit seiner Darstellung einer Theorie der Gruppenreflexivität auf die Bedeutung der Beziehungs- und Aufgabenorientierung hin, deren Kurzform für ihn in der schönen Grußformel »Frohes Schaffen« ihren einfachsten Ausdruck findet (Philipp 2014, S. 40). Auch Amy Edmondson betont neben der *psychologischen Sicherheit* die Bedeutung von hohen Leistungsstandards in Organisationen (vgl. Edmondson 2020, S. 19). Beide sehen das Team als Gruppe und als Organisationseinheit an. Sowohl das Miteinander auf der Beziehungsebene als auch die Aufgabenorientierung auf der Sachebene werden berücksichtigt.

Mit dem *aha3-Teammodell* bieten wir ein weiter gehendes Verständnis von Teamentwicklung an, welches das Team in einer dreifachen Dimension als Organisationseinheit, als Gruppe im gruppendynamischen Sinne und als Verbund von einzelnen Professionals wahrnimmt.

7.3 Teamtriade

Dies lässt sich mit der *Teamtriade* (siehe Abb. 23) visualisieren, die Kornelia Rappe-Giesecke im Kontext der Supervision für Teams entwickelt hat (Vgl. 1990, S. 12–15). Zum Verständnis der *Triade* und des *triadischen Denkens* siehe Abschnitt 2.2.3 und 11.1.

Um den komplexer werdenden Herausforderungen der Gegenwart zu begegnen, bieten wir zusätzlich eine dritte Dimension, die die professionelle Entwicklung der einzelnen Teammitglieder und des Teams als Ganzen mit in den Fokus nimmt. Von entscheidender Bedeutung ist dann neben der *Sinn- und Zielorientierung*, die wir im Bereich der Organisationseinheit verorten, sowie der *psychologischen Sicherheit*, die wir in der Gruppe verorten, die *Selbstreflexion*, die wir im Verbund der zusammenarbeitenden Professionals verorten.

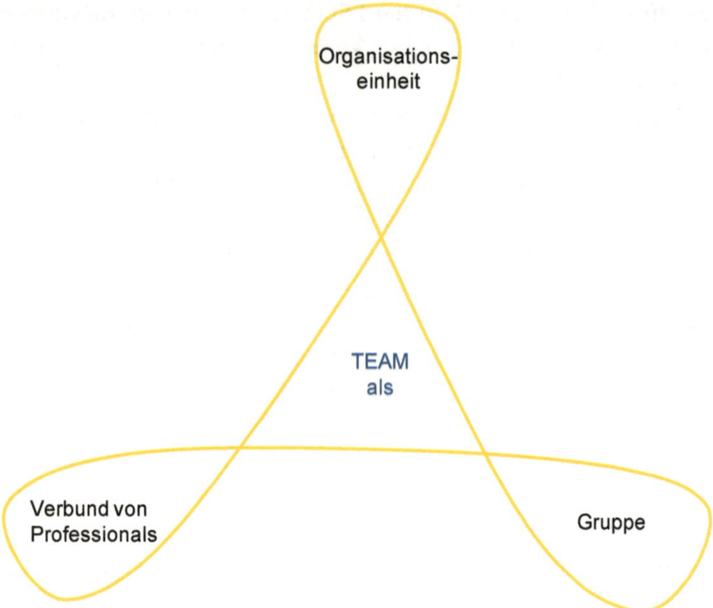

Abb. 23: Teamtriade nach Kornelia Rappe-Giesecke

Nach unserem Verständnis definieren wir also:

> Teamentwicklung ist zugleich ein autonomer Entwicklungsprozess im Team sowie die Steuerung durch Führung, die mit Interventionen das Team in seiner professionellen Entwicklung fördert.

Je mehr dabei die Bedürfnisse der Teammitglieder mit dem Gesamtbedarf des Teams beziehungsweise der Organisation durch Führung beachtet und in Balance gebracht werden können, umso erfolgreicher kann das Ergebnis der Teamentwicklung sein.

7.4 aha3-Teammodell

In unserer Beratungstätigkeit in Organisationen und mit Teams haben sich sieben Faktoren herausgebildet, die von Teammitgliedern als bedeutsam und in der Teamentwicklung als unterstützend erlebt werden. In der Verknüpfung dieser sieben Faktoren mit dem Ansatz der *Systemischen Autorität* haben wir das *aha3-Teammodell* (siehe Abb. 22) entwickelt.

Das *aha3-Teammodell* besteht aus drei äußeren Faktoren, drei inneren Faktoren und dem Faktor *Führung*, der im Zentrum für die Verbindung und Balance der Faktoren verantwortlich ist. Im Hintergrund steht der *Kontext*, der alle sieben Faktoren beeinflusst. Entsprechend den *aha3-Haltungs-und Handlungsfeldern* haben wir uns auch bei der Benennung der inneren und äußeren Faktoren für jeweils drei Begriffe entschieden. Die drei Leitfragen zu Beginn der Kapitel beziehen sich jeweils auf diese Begriffe. Für den Faktor *Führung* haben wir dementsprechend nur eine Leitfrage formuliert.

7.4.1 Kontext

Den *Kontext* bezeichnen wir nicht als Faktor, da er, wenn überhaupt, nur mittelbar beeinflusst werden kann, jedoch zugleich alle Teamfaktoren beeinflusst. Von daher ist es hilfreich und notwendig, den *Kontext* in der Sondierung der Teamentwicklung ausführlich wahrzunehmen und in den weiteren Überlegungen zu berücksichtigen.

7.4.2 Drei äußere Faktoren

Die drei äußeren Faktoren des Modells *Vision/Ziele/Aufgaben*, *Aufbau/Rahmen/Struktur* und *Ablauf/Prozesse/Kommunikation* bilden ein *Organisationsentwicklungsdreieck*, welches wir aus den Erfahrungen der internen Organisationsberatung entwickelt haben. Es war im Rahmen verschiedener Fusionsprozesse eine Antwort auf drei Fragen, die in Variationen immer wieder aufgetreten sind:

- Wo wollen wir hin?
- Was benötigen wir dafür?
- Wie führen wir es aus?

Bei unseren Überlegungen hierzu haben wir uns inspirieren lassen durch das Dreieck der Unternehmensentwicklung mit den Faktoren »Strategie«, »Struktur« und »Kultur« nach Königswieser (2001, S. 48). Kultur ist für uns jedoch kein Faktor, der auf einer Ebene neben Struktur und Vision steht. Vielmehr verstehen wir Kultur im Kontext der Organisation als emergierendes Produkt aus den Faktoren *Vision*, *Struktur* und *Prozesse*.

7.4.3 Drei innere Faktoren

Während die drei äußeren Faktoren des *Organisationsentwicklungsdreiecks* vor allem die Wirksamkeit des Teams als Organisation und damit die *Funktion* in den Fokus nehmen, verweisen die drei inneren Faktoren *Sinn/Bedeutung/Inspiration, Gesundheit/Sicherheit/Energie* und *Wertschätzung/Motivation/Ausgleich* eher auf die einzelnen Teammitglieder mit ihren Werten und inneren Ausrichtungen.

Sie berücksichtigen stärker die Entwicklung der Menschen als *Person* und ihre Entwicklung in der *Profession*. Sie stehen für die Aspekte, die bei Teamentwicklungen eher auf einer tieferen Ebene von Bedeutung sind.

Die Arbeit mit den inneren Faktoren benötigt ein größeres Vertrauen im Team als die Arbeit mit den äußeren Faktoren. Der Bedarf an *psychologischer Sicherheit* ist größer, wenn Inneres nach außen gekehrt wird. Zugleich stärkt die Arbeit mit den inneren Faktoren die *psychologische Sicherheit* und wirkt sich in der Folge positiv auf die Arbeit an den äußeren Faktoren aus.

7.4.4 Faktor Führung

Der Faktor *Führung* hat eine andere Qualität als die drei äußeren und inneren Faktoren. Hier verorten wir die Verantwortung für eine funktionale Balance aller Faktoren. Von Bedeutung ist dabei, mit welcher Haltung geführt wird. Dementsprechend steht im *aha3-Teammodell* das auf dem Kopf stehende Dreieck des Faktors *Führung* für das *Autoritätsdreieck* mit seinen möglichen Haltungen. Je nachdem, welche Anteile der Haltungen in der Führung aktiv sind, wirkt sich dies auf die anderen Faktoren und damit auf die Teamentwicklung als Ganzes aus.

7.4.5 Die Verbundenheit im Modell

Alle sieben Faktoren sind wie ein Mobile miteinander verbunden, das sich vor dem Hintergrund des *Kontextes* ausbalanciert. Die Auswahl und Bearbeitung eines Faktors wirken gleichzeitig auf die anderen Faktoren. Eine Überbetonung oder Ausblendung einzelner Faktoren kann zu Störungen führen, die negativ die Handlungsfähigkeit im Team beeinflussen.

7.4.6 Die Reihenfolge

Im Folgenden stellen wir die Faktoren in einer idealtypischen Reihenfolge vor, wie sie sich aus unserer Sicht bewährt hat.

Nach der Wahrnehmung des *Kontextes* richtet sich der Blick zunächst auf die äußeren Faktoren. Wir starten mit dem Faktor *Vision/Ziele/Aufgaben.* Daran schließt sich der Faktor *Aufbau/Rahmen/Struktur,* und dann behandeln wir den Faktor *Ablauf/Prozesse/Kommunikation.*

Die Reihenfolge der inneren Faktoren ergibt sich aus einer Verbindung zu den äußeren Faktoren, die wir durch die gegenüberliegende Positionierung im *aha3-Teammodell* verdeutlichen. Der Faktor *Sinn/Bedeutung/Inspiration* unterstützt primär den Faktor *Vision/Ziele/Aufgaben.* Der Faktor *Gesundheit/Sicherheit/Energie* wird vor allem beeinflusst durch den Faktor *Aufbau/Rahmen/Struktur.* Schließlich bildet sich der Faktor *Wertschätzung/Motivation/Ausgleich* besonders im Faktor *Ablauf/Prozesse/Kommunikation* mit ab.

Den Faktor *Führung* behandeln wir abschließend und gehen hier auf die Verknüpfungen der in den Kapiteln 1 bis 6 beschriebenen *Systemischen Autorität* ein.

Da Teamentwicklungen in der Praxis selten in Idealform ablaufen, ist es die Aufgabe von Führung, gemeinsam im Team wahrzunehmen und zu entscheiden, mithilfe welcher Faktoren Veränderungen angestoßen werden sollen. Hierfür können die *Instrumente zur Teamreflexion* genutzt werden, von denen vor allem die *aha3-Teamevaluation* einen konkreten Bezug zum *aha3-Teammodell* herstellt.

7.5 Mögliche Aha-Momente

- Zwei Personen sind ein Tandem, ab drei wird es zum Team.
- Ein Team ist eine Organisationseinheit, in der Professionals als Gruppe verbunden sind.
- Teams sind autonom und lassen sich zugleich steuern.
- Organisationskultur emergiert aus den Faktoren *Vision, Struktur* und *Prozesse.*
- Für die Arbeit an persönlichen Themen braucht es *psychologische Sicherheit.*
- ...

8 Kontext

In der Teamentwicklung verstehen wir *Kontext* als die relevanten Umwelten des Teams (vgl. Rappe-Giesecke 1990, S. 81–84).

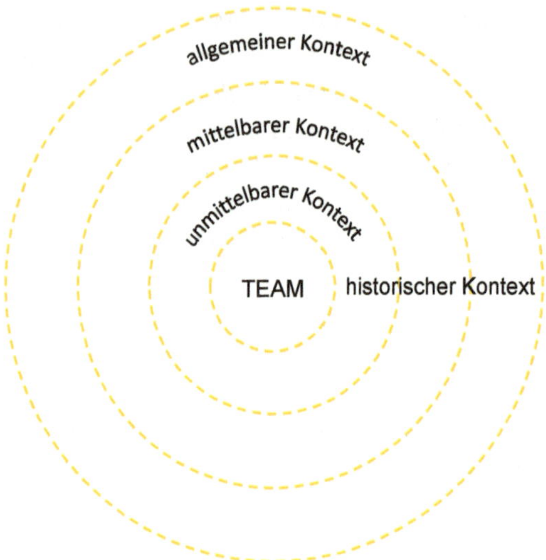

Abb. 24: Kontext

Zu den relevanten Umwelten gehört alles, was auf einzelne Teammitglieder und/oder auf das Team als System von außen Einfluss ausübt. Dabei unterscheiden wir vier Dimensionen (siehe Abb. 24):

- den *allgemeinen Kontext*, der auf alle Menschen wirkt, wie beispielsweise: Geografie, Klima, Sprache, Wirtschaft, Demografie, Technologie oder Epidemien
- den *mittelbaren Kontext*, der für alle in diesem Arbeitsfeld Tätigen gilt, wie beispielsweise: begrenzte Ressourcen, rechtliche Vorgaben, Zusammensetzung der Klientel
- den *unmittelbaren Kontext*, der nur für das Team gilt, wie beispielsweise: Zusammensetzung von Team und Klientel, Erwartungen und Vorgaben durch Organisation oder Klientel

- den *historischen Kontext,* in dem sich die Teamgeschichte mit ihren Dimensionen von Person, Funktion und Profession entwickelt hat.

Beispielhaft sei hier ein Wohngruppenteam aus der Jugendhilfe genannt:

> Im *allgemeinen Kontext* muss das Team sich, so wie alle Menschen, mit den Folgen einer Epidemie, wie Covid-19, auseinandersetzen. Im *mittelbaren Kontext* gibt es Vorgaben durch den Träger und das Arbeitsrecht, die sich auf den Stellenschlüssel beziehen, und die Regelung der Schichtarbeit. Im *unmittelbaren Kontext* wirken die Wohnsituation der Wohngruppe in einer Kleinstadt und die Zusammensetzung der betreuten Klientel als reine Jungengruppe mit einer Altersspanne von 6 bis 12 Jahren. Der *historische Kontext* zeigt sich in der 20-jährigen Geschichte der Wohngruppe.

Alle vier Kontextdimensionen beeinflussen sich gegenseitig und wirken auf die sieben Faktoren des *aha3-Teammodells.* Die Einflussnahme des Teams auf die *Kontexte* nimmt von innen nach außen ab (siehe Abb. 24). Die Teamgeschichte als *historischer Kontext* hängt direkt mit den anderen Dimensionen zusammen und lässt sich in der gemeinsamen Weitererzählung und Fortschreibung verändern.

Für Teams kann es eine hilfreiche Klärung sein, mithilfe der vier Kontextdimensionen einzuschätzen, inwieweit ein strittiges Thema durch das Team veränderbar ist oder nicht und welche *Kontexte* von Bedeutung sind.

Vor allem bei Themen, die im Team regelmäßig für Unzufriedenheit sorgen, hilft die Frage nach der Wahrscheinlichkeit der Veränderbarkeit. Gerne lassen wir Teams nach einer Erhebung der relevanten Themen und ihrer Einordnung im Modell *Niveaus der Handlungsfähigkeit* diese Themen im Hinblick auf den *Kontext* und die Möglichkeit der Veränderung bewerten: »Zu wie viel Prozent halten Sie es für wahrscheinlich, dass Sie als Team dieses Thema verändern können oder dass es sich im nächsten Jahr verändert?«

Eine weitere hilfreiche Frage ist: »Wer müsste bei einer Veränderung dieses *Kontextes* aktiv mitwirken?« Hier wird deutlich, wer – zum Beispiel von der Leitungsebene – mit hinzugezogen werden sollte oder welche Kooperationen bisher nicht im Blick waren.

Als Instrumente zur Erhebung des Teamkontexts in der Praxis stellen wir vor:

- eine *Kurzevaluation Teamkontext*
- ein *Schreibgespräch Teamkontext*
- eine *Zeitleiste Teamgeschichte.*

8.1 Kurzevaluation Teamkontext

Die beiden Fragen auf dem Arbeitsblatt *Kurzevaluation Teamkontext* (siehe Abb. 25) nutzen wir, wenn der zeitliche Rahmen begrenzt ist. Wir verwenden sie entweder in Form des Arbeitsblattes oder im mündlichen Gespräch. Das Arbeitsblatt sehen wir als Ergänzung zur *aha3-Teamevaluation.*

Kurzevaluation Teamkontext

Im Blick auf den Kontext, in dem unser Team tätig ist:

- Welche Erwartungen und Forderungen haben unsere Klientel/unsere Organisation/die Gesellschaft an unser Team?
- Welche Restriktionen (Zusammensetzung Klientel, Ressourcen, Vorgaben, Strukturen, ...) begrenzen den Rahmen unserer Arbeit als Team?

➢ Haltet eure Antworten stichwortartig auf Karten fest.

Abb. 25: AB Kurzevaluation Teamkontext

Im Rahmen eines Sondierungsgespräches gebrauchen wir die Fragen häufig nicht als Arbeitsblatt, sondern lassen sie ins Gespräch einfließen. Wir halten die Antworten stichwortartig auf Karten fest und verbinden sie mit dem Anlass der Frage. Dann blicken wir auf Ziele, Inhalte und Rahmen einer möglichen Teamentwicklung. Diese Aspekte halten wir ebenfalls stichpunktartig auf Karten fest und ergänzen sie zum *Kontext,* sodass ein umfassendes Bild entsteht.

In der konkreten Arbeit mit Teams nutzen wir die Kurzevaluation in analoger Form wie die *aha3-Teamevaluation.* Entweder sind die Teammitglieder eingeladen, in der Einzelreflexion die Fragen zu beantworten, um sich dann im Team darüber auszutauschen, oder das Team beantwortet die beiden Fragen im gemeinsamen Gespräch. In beiden Varianten werden die Ergebnisse von den Teammitgliedern oder von uns stichwortartig auf Karten festgehalten und für die weitere Teamwicklung durch ein Fotoprotokoll dokumentiert.

Wir haben die Erfahrung gemacht, dass auch, wenn die beiden Fragen sehr kurz und einfach erscheinen, sie zu einem intensiven Austausch im Team führen können.

In der Reflexion der Antworten kann das Team sich damit beschäftigen, was veränderbar ist und was nicht. Eine Visualisierung der Dimensionen des *Kontextes* und die Frage nach der Möglichkeit der Veränderung können zu hilfreichen Erkenntnissen und weiterführenden Fragen sowohl bei einzelnen Teammitgliedern als auch im Team führen.

8.2 Schreibgespräch Teamkontext

Das *Schreibgespräch Teamkontext* orientiert sich an den Kontextdimensionen (siehe Abb. 24). Wir nutzen es vor allem, wenn im Team die *Sinn- und Zielorientierung* gestärkt werden soll. Eine differenzierte Wahrnehmung des *Kontextes* stärkt die anschließende Fokussierung auf die *Sinn- und Zielorientierung* und die Bearbeitung der entsprechenden Teamfaktoren.

Für die Durchführung wird eine Tischdecke (Moderationswandpapier) benötigt, die auf einem Tisch liegt, um den herum die Teammitglieder bequem sitzen oder stehen können. In der Mitte der Tischdecke steht der Namen/das Logo des Teams.

Zur Einleitung erhalten die Teammitglieder das Arbeitsblatt *Schreibgespräch Teamkontext* (siehe Abb. 26).

Bei der Einleitung in das Schreibgespräch ist es hilfreich, die Herausforderung des Kommunizierens in Stille zu betonen und dazu einzuladen, es bewusst auszuprobieren. Der (humorvolle) Hinweis, dass Zeichnungen und einzelne Striche auch eine Form des Schreibens sind und es keine Diktatnoten gibt, kann diejenigen ermutigen, denen das Schreiben weniger leicht fällt oder die Angst vor Fehlern haben.

Wenn das Team aus mehr als fünf Mitgliedern besteht, würden wir die Übung an zwei oder drei Tischen durchführen. An jedem Tisch sollten mindestens drei und höchstens fünf Teammitglieder sitzen.

Im anschließenden, nun mündlichen Austausch geht es zunächst darum wahrzunehmen, was auffällt, was überrascht, was neu

Schreibgespräch Teamkontext

Tauscht euch im schweigenden Schreibgespräch in drei Fragerunden jeweils sieben Minuten lang mit der entsprechenden Stiftfarbe aus. Für den Wechsel der Fragerunde ertönt ein akustisches Signal. Denkt dabei an den Farbwechsel der Stifte. Ihr seid eingeladen, während der ganzen Zeit nur schriftlich zu kommunizieren ☺

1. Fragerunde mit schwarzen Stiften:
Welchen allgemeinen Kontext (Geografie, Klima, Sprache, Wirtschaft, ...), der für alle Menschen gilt, müssen wir für unsere Aufgaben berücksichtigen?

2. Fragerunde mit blauen Stiften:
Welchen mittelbaren Kontext (begrenzte Ressourcen, rechtliche Vorgaben, Zusammensetzung der Klientel, ...), der für alle in unserem Arbeitsbereich Tätigen gilt, müssen wir für unsere Aufgaben berücksichtigen?

3. Fragerunde mit grünen Stiften:
Welchen unmittelbaren Kontext (Zusammensetzung Team und Klientel, Erwartungen und Vorgaben durch Organisation oder Klientel, ...), der nur für unser Team gilt, müssen wir für unsere Aufgaben berücksichtigen?

Abb. 26: AB Schreibgespräch Teamkontext

ist oder auch was irritiert. In weiteren Schritten der Reflexion lässt sich fragen:

- Welche Kontextbedingungen (max. eine bis drei) haben zurzeit die stärksten Auswirkungen auf die Tätigkeit des Teams?
- Welche Kontextbedingungen lassen sich am ehesten durch das Team beeinflussen und welche am wenigsten?
- Auf welche Kontextbedingungen sollte das Team im Blick auf die Zukunft am stärksten achten?

Abschließend überlegen wir mit dem Team, welche Auswirkungen die Erkenntnisse für die weitere Teamentwicklung haben könnten.

8.3 Zeitleiste Teamgeschichte

Für die Wahrnehmung des *historischen Kontextes* arbeiten wir mit der *Zeitleiste Teamgeschichte*. Sie bietet eine Antwort auf die Teamfrage »Wo kommen wir her?«. Dabei geht es um die Wahrnehmung der Geschichte des Teams, eingebettet in die Ereignisse, die in dieser Zeit in der Welt und bei den Teammitgliedern persönlich von Bedeutung waren/sind.

Für die Durchführung der Übung erstellen wir eine Zeitleiste, wie in der Vorlage abgebildet (siehe Abb. 27).

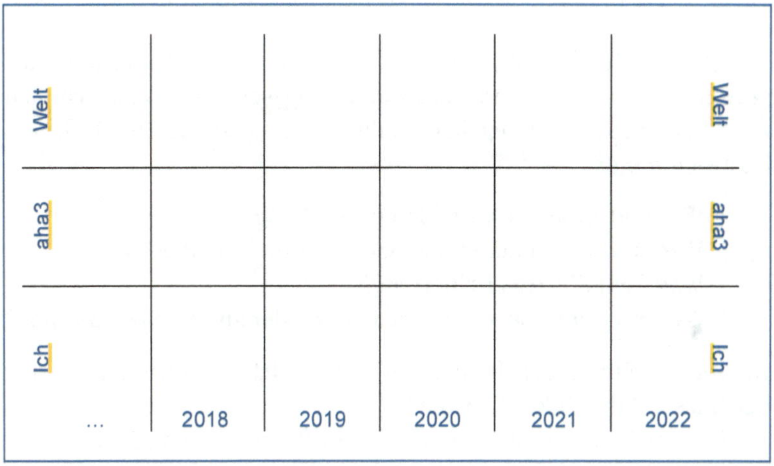

Abb. 27: Zeitleiste Teamgeschichte

Die Zeitleiste beginnt zum Zeitpunkt der Gründung des Teams und wird, sofern notwendig, um einige Jahre für die Vorgeschichte ergänzt. Die Zeitleiste wird unterteilt in Jahresabschnitte bis in die Gegenwart und hat drei Spalten für die Welt, für das Team und für das Ich der einzelnen Teammitglieder. Zur Erstellung nutzen wir Endlospapier und passen die Länge entsprechend dem Teamalter an. Nach Gegebenheit des Raumes positionieren wir die Zeitleiste auf einem langen Tisch im Raum, sodass sie von beiden Seiten aus zu beschreiben ist, oder bringen sie an einer Wand an.

Die Teammitglieder bekommen je einen Stift mit unterschiedlicher Farbe. Sie sind eingeladen, auf der Zeitleiste ihre Teamgeschichte zu erstellen, indem sie die bedeutsamen Ereignisse in der Welt, in ihrem Team und bei sich persönlich in dieser Zeit festhalten.

Für die Erstellung planen wir je nach Alter und Größe des Teams 15 bis 30 Minuten ein. Es ist nicht ungewöhnlich, wenn die letzten Minuten nur noch einzelne Teammitglieder aktiv sind. Meistens handelt es sich dann um die Mitglieder, die dem Team seit der Gründung angehören.

Inwiefern man die Teammitglieder bei der Erstellung miteinander reden lässt oder die Übung ohne Reden durchführt, bleibt der

Einschätzung der Situation überlassen. Letzteres könnte durch Musik im Hintergrund erleichtert werden. Zum Abschluss bitten wir die Teammitglieder, in ihrer Stiftfarbe auf der Teamgeschichte zu unterschreiben.

Anschließend erfolgen die gemeinsame Betrachtung, der Austausch und die Reflexion über die Teamgeschichte. Dabei ist Zeit zum Nachfragen und gegebenenfalls zur Ergänzung. Zur Reflexion lässt sich fragen:

- Was fällt Ihnen auf, wo bleiben Sie hängen?
- Was ist für Sie neu, was haben Sie bisher nicht gewusst?
- Was freut Sie, was irritiert Sie?
- Gab es Ereignisse, die Sie bedauern oder auf die Sie stolz sind?

In einem weiteren Schritt, den wir nicht so häufig nutzen, lässt sich der Blick auf die Zukunft richten.

»Wenn Sie Ihren Blick auf die Zukunft richten und die Geschichte weiterschreiben:

- Was werden in den nächsten ein bis drei Jahren bedeutende Teamereignisse sein?
- Was soll in der Teamgeschichte fortgeführt werden?
- Was soll verändert oder erneuert werden?«

Das Instrument *Zeitleiste Teamgeschichte* nutzen wir vor allem mit Teams, in denen es viele Wechsel gab. Dadurch besteht häufig ein Bedarf an Vergewisserung bezüglich Identität und Zielen. Die Übung bietet neuen Teammitgliedern eine Möglichkeit, etwas über die Hintergründe des Teams zu erfahren und darüber ins Gespräch zu kommen. Zugleich erfolgt eine Wertschätzung für den bisherigen Weg des Teams, die vor allem für die Teammitglieder von Bedeutung ist, die das Team mitgegründet haben.

Bei abwesenden Teammitgliedern besteht die Möglichkeit, dass einzelne Teammitglieder während der Erstellung oder das Team anschließend gemeinsam stellvertretend für sie in einer Extrafarbe die Teamgeschichte ergänzen. Darüber können sie später mit den abwesenden Teammitgliedern ins Gespräch kommen und es so in die Übung integrieren.

Einige Teams nehmen sich ihre Teamgeschichte zusätzlich zum Fotoprotokoll mit und verwahren sie an einem besonderen Platz in ihrer Organisation.

8.4 Mögliche Aha-Momente

- Der Kontext wirkt immer.
- Nicht jeder Kontext lässt sich verändern.
- Die Anerkennung der Nichtveränderbarkeit von Kontext kann Energie freisetzen.
- Im gemeinsamen Schreiben, ohne dass man redet, entstehen intensive Gespräche.
- Die Wertschätzung der Teamgeschichte sorgt für Verbundenheit.
- ...

9 Vision/Ziele/Aufgaben

Welches ist unsere Vision für das Jahr 20…?
Welches sind unsere Ziele?
Welche Aufgaben leiten sich daraus ab?

Der Faktor *Vision/Ziele/Aufgaben* richtet den Fokus auf die *Sinn- und Zielorientierung*. Hier sehen wir eine enge Verbindung zu dem inneren Faktor *Sinn/Inspiration/Bedeutung*.

Die *Sinn- und Zielorientierung* bietet einem Team Orientierung und Klarheit, indem sie die *Eine-Sicht* auf die zu bewältigenden Aufgaben ermöglicht. Sie stärkt den Grad der Verbundenheit im Team und mit der Organisation. Verbundenheit schafft Verbindlichkeit, ist sozusagen Voraussetzung und wird weniger durch Beziehungsarbeit, sondern durch Visionsarbeit aufgebaut.

Wir erleben bei der Verbundenheit der Teammitglieder im Team und mit der Organisation eine Abstufung in Bezug auf die Vision, die Ziele und die Aufgaben. Unsere Erfahrung ist, dass eine gemeinsame lebendige Vision eine starke Verbundenheit erzeugt. Von ihr lassen sich Ziele und Aufgaben mit hoher Selbstführung aller Teammitglieder ableiten. Ein positiver Nebeneffekt kann eine intrinsisch motivierte visionsausgerichtete Qualitätssicherung/Evaluation sein, durch die sich ein eher überprüfendes Controlling erübrigt. Dies erleben wir vor allem bei Start-ups oder bei Teams, die mit ihrer Organisation bewusst einen Visionsprozess beginnen. Diese Teams sind meist hoch handlungsfähig, insbesondere wenn zugleich auf die *psychologische Sicherheit* im Team geachtet wird und die gemeinsame Reflexion für eine gute Balance sorgt. Hier nehmen wir ein hohes intrinsisches Verantwortungsbewusstsein und die Bereitschaft zur Selbstführung wahr.

Teams, die sich ihrer Vision nicht oder nicht mehr bewusst sind, aber die Ziele im Fokus haben, können durchaus handlungsfähig sein. Sie sind in der Lage, daraus die Aufgaben abzuleiten. Zugleich stellen wir fest, dass das Verantwortungsbewusstsein nicht mehr ganz so stark ist und die Teammitglieder eher extrinsisch motiviert sind: Häufig sind in dieser Situation die Ziele eher von außen vorgegeben und nicht gemeinsam im Team erarbeitet worden.

Auch ohne bewusste Vision oder eine Zielorientierung können Teams unserer Erfahrung nach funktionieren. Dies bedarf jedoch klarer Vorgaben für die Aufgaben und entsprechende Anleitungen, wie sie auszuführen sind. Diese Teams sind häufig im *Kulturquadranten* im Bereich von *Weisung und Kontrolle* verortet, und Teammitglieder verstehen sich eher als Mitarbeitende denn als Mitwirkende.

Vision

In der Teamentwicklung steht die Vision für das gewünschte Bild, welches das Team von sich und seinen Aufgaben in der Zukunft hat. Eine Teamvision ergibt sich aus der Frage:

- Welches ist unsere Vision für das Jahr 20...?

Es kann das eine Bild der gemeinsamen Teamvision sein oder eine Teamvision, die sich wie ein Mosaik aus den Visionen der Teammitglieder zusammensetzt. Vor allem Teamgründungen sind oft getragen von einer manchmal unbewussten Vision der Gründenden. Eine starke Vision sorgt in einem Team für hohe Energie. Gleichzeitig gibt es Teams, denen ihre ursprüngliche Vision verloren gegangen ist oder bei denen die Frage nach ihrer Vision lange nicht gestellt wurde. Die einfache Frage »Welches ist eure Vision?« hat schon manche Teammitglieder irritiert und einen Teamentwicklungsprozess initiiert.

Ziele

Für die Verwirklichung der Vision sind Ziele notwendig.

Mit Zielen lässt sich benennen, wie die Vision erreicht werden soll. Sie können angestrebt werden und geben die Richtung vor. Ziele verweisen auf das, was das Team erreichen möchte oder soll. Ziele im Team werden deutlich, indem wir fragen:

- Welches sind unsere Ziele, mit der wir unsere Vision verwirklichen wollen?

In vielen Arbeitsfeldern sind die Ziele durch die Organisation vorgegeben, sodass oft gar nicht mehr nach der Vision oder dem Sinn gefragt wird. Die *Eine-Sicht* auf die Ziele kann dann gestört sein, weil die Vision oder der Sinn dahinter nicht mehr für alle Beteiligten sichtbar ist. So haben wir in Pflegeeinrichtungen erlebt, dass die Einführung der Fallpauschalen erfolgte, damit vor allem die wirtschaftlichen Ziele erreicht würden. Diese Prämiierung der Wirtschaftlichkeit verhinderte, dass die Vision der ganzheitlichen, am Menschen orientierte Pflege sichtbar bleiben konnte. In der Folge haben Pflegekräfte ihre Tätigkeit nicht mehr als sinnvoll erlebt, ihre intrinsische Motivation nahm ab und dadurch auch die Qualität ihrer Aufgabenwahrnehmung (siehe Kap. 12).

Aufgaben

Wenn es die *Eine-Sicht* auf Vision und Ziele gibt, beschäftigen wir uns mit den konkreten Aufgaben, die ausgeführt werden müssen, damit die Ziele erreicht werden und die Vision im Kontext real wird.

Im Team fragen wir hierfür:

- Welche Aufgaben leiten wir aus der Vision und den Zielen ab, damit wir sie erreichen?

Aufgaben verstehen wir als zusammenhängende Tätigkeiten, die in bestimmten Arbeitsprozessen erledigt werden. So ist es in einer Wohngruppe einer Jugendhilfeeinrichtung eine Aufgabe, die Küche und die Bäder zu putzen. Die dazugehörigen Tätigkeiten sind unter anderem: den Müll hinaustragen, das Wischen des Fußbodens und das Reinigen der Waschbecken.

Die Verknüpfung der Aufgabe mit der Sinn- und Zielorientierung

Detaillierte Tätigkeits- und Prozessbeschreibungen sind vor allem im Kontext der Industrialisierung aus einer auf den Zweck ausgerichteten mechanistischen *A1-Kultur* entstanden. Sie haben sich im *Kulturquadranten* im Feld von *Weisung und Kontrolle* als funktional erwiesen. Je genauer sich Tätigkeiten im Rahmen der Arbeitsprozesse haben beschreiben lassen, desto besser ließ sich ihre Ausführung kontrollieren, und die Frage danach, mit welcher Haltung diese Tätigkeiten ausgeübt wurden, trat in den Hintergrund. Für die Erfüllung der Aufgaben war weder die innere Haltung der Tätigen von Bedeutung noch ihre Verbundenheit mit den Zielen oder den Visionen der Organisation.

Wir haben die Erfahrung gemacht, dass eine vor allem ökonomisch begründete Orientierung auf kontrollierbare Tätigkeitsbeschreibungen hin, wie sie auch in Non-Profit-Organisationen Einzug gehalten hat, dafür sorgt, dass viele Teammitglieder ihre Verbundenheit mit den Zielen und Visionen der Organisation verloren haben und sich verzweckt fühlen. Die Reaktion kann sich im Verhalten der Mitwirkenden zeigen, die dann wie Mitarbeitende agieren, wenn die Haltung nicht mehr im Hintergrund des eigenen Tuns steht.

Je mehr die Erfüllung einer Aufgabe von der Qualität der Tätigkeit und damit vom Verhalten der handelnden Personen abhängt, desto stärker ist die Bedeutung der Verbundenheit mit den Zielen und der Vision dahinter. Wenn die *Sinn- und Zielorientierung* nicht mehr klar ist, kann sich dies auf die *psychologische Sicherheit* im Team auswirken, weil dadurch die gemeinsame, verbindende *Eine-Sicht* verloren geht. Teammitglieder können ihre Tätigkeit dann umso mehr als sinnlos oder nicht bedeutsam erleben.

Für uns ist die *Sinn- und Zielorientierung* für die *Teamentwicklung mit Systemischer Autorität* von zentraler Bedeutung, auf die wir bei der Arbeit mit den anderen Faktoren immer wieder zurückgreifen. In der Praxis nutzen wir dafür:

- eine Visualisierung zur Bedeutung der Sinn- und Zielorientierung
- das *Schneeballsystem zur Zielfindung*
- eine Aufgabensammlung und Priorisierung zur Verständigung über den Weg, wie das Ziel erreicht werden soll.

Als Instrument zur Arbeit an der Vision nutzen wir das *Inspirations-Visions-Mosaik*, auf das wir beim Faktor *Sinn/Bedeutung/Inspiration* in Abschnitt 12.1 eingehen, da wir eine enge Verbindung dieser Faktoren sehen.

9.1 Visualisierung der Sinn- und Zielorientierung

Die Visualisierung der *Sinn- und Zielorientierung* nutzen wir sowohl in unseren Fortbildungen als auch in Beratungen[11]. Für die Umsetzung laden wir entweder Teammitglieder ein, als Stellvertretende mitzuwirken, oder führen die Visualisierung mit Pylonen durch. Letzteres ist vor allem hilfreich, wenn das Vertrauen im Team noch nicht sehr hoch ist.

11 Ein Artikel von Marianne Franke, *Aufstellungsarbeit und Schulsystem* (2016), hat uns zu dieser Visualisierung inspiriert.

Zur Vorbereitung beginnen wir zunächst mit der Verdeutlichung des Zusammenhanges von Verhalten, Bedürfnis und Mensch, wie wir es in Abschnitt 2.2.1 beschreiben. Von Bedeutung ist dabei das Verständnis, dass ein strittiges Verhalten veränderbar ist und entkoppelt wird von der persönlichen Identität des Menschen.

Ausgangslage für die Visualisierung ist ein strittiges Verhalten im Team, welches zum Thema zwischen einer Teamleitung und einem Teammitglied geworden ist. Für das strittige Verhalten, wie zum Beispiel Unpünktlichkeit, legen wir stellvertretend eine Karte auf den Fußboden. Wir positionieren zwei Pylonen als Stellvertretungen für eine Teamleitung und für ein Teammitglied so, dass in ihrer Mitte das strittige Verhalten liegt (siehe Abb. 28).

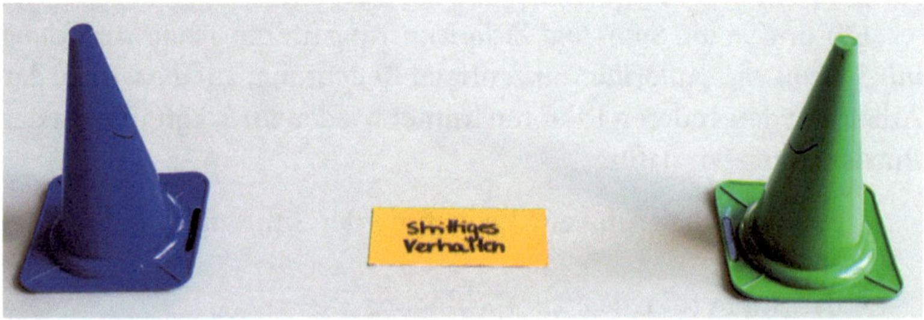

Abb. 28: Strittiges Verhalten zwischen zwei Personen

Im nächsten Schritt stellen wir den beiden Stellvertretungen jeweils weitere Pylonen als Unterstützung zur Seite. Auf der Seite des Teammitgliedes kommt als Erstes ein weiteres Teammitglied und als Zweites der Personalrat hinzu. Auf der Seite der Teamleitung kommt als Erstes die Bereichsleitung und als Zweites die Geschäftsführung hinzu. Ähnlich wie in einer realen Situation, in der ein Teammitglied sich ratsuchend an den Personalrat oder eine Kollegin wendet und die Teamleitung sich mit seiner Bereichsleitung bespricht, baut sich in dem entstandenen Bild um das strittige Verhalten eine gegenseitige Drohkulisse auf (siehe Abb. 29). Im Mittelpunkt steht dann häufig nur noch die Frage, wer recht hat oder im Recht ist, und in der Folge kommt es zu einem Machtkampf, der selten eine konstruktive und sinnvolle Lösung findet.

Solche Auseinandersetzungen begegnen uns vor allem in Organisationen, in denen wir Anteile einer Führung aus *A1* wahrnehmen, in der es eher um Durchsetzung als um Kooperation geht.

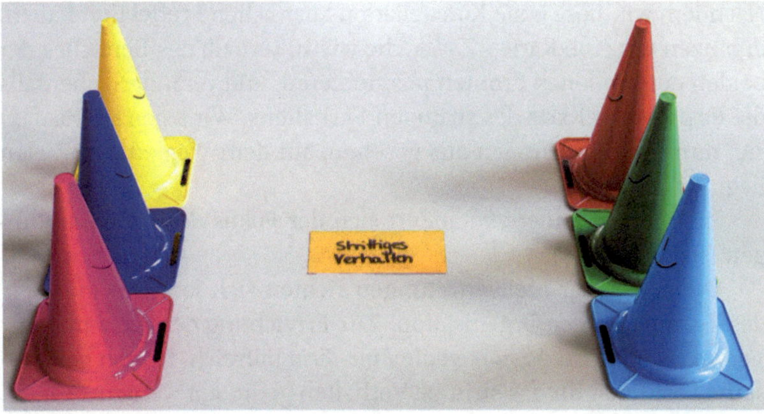

Abb. 29: Strittiges Verhalten mehrerer Personen

Marianne Franke (2016) weist darauf hin, dass die frontale Positionierung zwischen zwei und mehreren Personen die Eskalation fördern kann, da sie Raum bietet für Übertragungen. Es sind dann nicht mehr allein die Führenden, die vor den Mitwirkenden stehen, sondern es können bisherige Erfahrungen mit Autoritäten wie Eltern, Lehrenden und früheren Führenden auftauchen. In dieser meist unbewussten Übertragung können die im Körper gespeicherten belastenden Emotionen aktiviert werden. Es kann auch positive Übertragungen geben, die in dieser Konstellation jedoch eher nicht zutage treten. Den Führenden kann es ebenso ergehen, indem sie vor sich nicht mehr allein die Teammitglieder sehen, sondern zusätzlich unbewusst ihre pubertierenden Kinder oder höchst herausfordernden Mitwirkenden aus der Vergangenheit.

Abb. 30: Visualisierung Ziele

Nachdem wir diese erste Konstellation ausreichend reflektiert haben, ergänzen wir eine Karte »*Ziele*«, die wir außerhalb des Bereiches der beiden entstandenen Fronten positionieren, und verändern ebenfalls die Position der Karte des strittigen Verhaltens. Wir legen sie so, dass sie, nun von den Parteien aus gesehen, auf dem Weg zu den Zielen liegt.

In diesem Moment verändert sich der Fokus der Stellvertretungen (siehe Abb. 30).

Die Blicke der Stellvertretungen richten sich jetzt auf die Ziele des Teams und der Organisation. Zur Erreichung der Ziele und zur Verwirklichung der Vision ist die *Eine-Sicht* hilfreich, mit der gemeinsame Lösungen für das strittige Verhalten gefunden werden können.

9.2 Schneeballsystem zur Zielfindung

Für die Zielfindung ist es förderlich, wenn die Teamvision oder die Vision der Organisation sichtbar im Raum vorhanden ist. Diese kann zum Beispiel durch das von uns beschriebene *Inspirations-Visions-Mosaik* (siehe Abschn. 12.1) erarbeitet worden sein.

Bei der Zielfindung arbeiten wir mit einem Schneeballsystem, bei dem aus vielen kleinen Schneebällen ein großer entsteht. Es unterstützt das Team bei der Entwicklung der *Eine-Sicht* auf die Ziele und damit bei der gemeinsamen Verwirklichung ihrer Vision. Beantwortet wird die Frage: »Was wollen/sollen wir erreichen?«

Der Ablauf der Übung ist im Arbeitsblatt *Zielfindung Schnellballsystem* (siehe Abb. 31) beschrieben.

Zu Beginn erhält jedes Teammitglied drei bis fünf Karten. Wir laden die Teammitglieder ein, auf jede Karte ein Ziel zu schreiben, und bitten sie, beim folgenden Austausch keine neuen Karten zu schreiben. Dies soll verhindern, dass im Gespräch vorschnell ein Begriff gefunden wird, der zwei Ziele vereinigt und dadurch unklar wird. Die Anzahl der Karten lässt sich nach Bedarf variieren.

Im Anschluss an die Übung laden wir ein zur Reflexion vor dem Hintergrund der *Sinn- und Zielorientierung* sowie der *psychologischen Sicherheit*.

Auf der Ebene der *Sinn- und Zielorientierung* findet ein Austausch statt über das Ergebnis der fünf wichtigsten Ziele mit den Impulsfragen:

- Wie zufrieden sind wir mit dem Ergebnis?
- Was überrascht uns?
- Was irritiert uns?
- Gibt es eine Karte, die wir umformulieren möchten?
- Wie lässt sich unser Ergebnis mit den Zielen unserer Organisation verbinden?
- Wie finden wir im Ergebnis die Vision unseres Teams/unserer Organisation wieder?

Zielfindung Schnellballsystem

Was wollen wir erreichen, damit unsere Vision Wirklichkeit wird?

Übung: 4–12 Personen – 1 Team – eine Sicht

Einzelarbeit

- Welches sind für unser Team die drei bis fünf wichtigsten Ziele?

➢ Notiert sie auf je eine Karte.

2/3er-Arbeit

- Tauscht euch über eure Ziele aus.

➢ Entscheidet euch für die wichtigsten vier.

4/5/6er-Arbeit

- Tauscht euch über eure Ziele aus.

➢ Entscheidet euch für die wichtigsten fünf.

8–12er-Arbeit

- Tauscht euch über eure Ziele aus.

➢ Entscheidet euch für die wichtigsten fünf.

Abb. 31: AB Zielfindung Schneeballsystem

Sollte es den Wunsch der Umformulierung geben, ist jetzt der geeignete Zeitpunkt dafür. Zugleich laden wir an dieser Stelle ein, die nicht ausgewählten Karten auf einer gesonderten Pinnwand aufzuheben. Dadurch werden alle notierten Ziele wertschätzend wahrgenommen und können gegebenenfalls wieder aufgegriffen werden.

Auf der Ebene der *psychologischen Sicherheit* reflektieren wir den Prozess der Zielfindung mit den Impulsfragen:

- Wie haben wir den Aushandlungsprozess erlebt?
- Wie geht es uns mit den Karten, die nicht im Ergebnis auftauchen?
- Bei welchen Karten gab es eine hohe Übereinstimmung?
- Bei welchen Karten mussten wir länger verhandeln?

- Wo haben wir in der Aushandlung Dynamiken erlebt, die wir von anderen Entscheidungsprozessen im Team kennen?
- Was hätten wir uns anders gewünscht?

Es bleibt der Moderation überlassen, welche der beiden Ebenen zuerst reflektiert wird. Manchmal gehen sie auch ineinander über.

Abschließend richten wir den Fokus auf das Ergebnis, verbunden mit den Fragen, wie die Sicherung erfolgt und wie das Ergebnis kommuniziert werden soll.

Eine Variation der Übung erfolgt, wenn man die Frage der Übung wie folgt verändert:

- Was glaube ich, welche drei Ziele unserer Arbeit alle im Team teilen?

Entweder erfolgt der weitere Austausch dann wie in Abbildung 31 beschrieben, oder alle Teammitglieder stellen ihre Ergebnisse gemeinsam im Team vor. Dabei kann es zu angenehmen Überraschungen kommen, wenn erlebt wird, wie hoch die Übereinstimmungen sind oder wie gleiche Ziele sich unterschiedlich ausgedrückt wiederfinden.

Bei dieser Variation kommt die *Eine-Sicht* stärker in den Vordergrund. Wir haben sie übertragen von Marvin Weisbord und Sandra Janoff, die in ihrem Buch *Einfach mal Nichts tun!* den Dialog zur gemeinsamen Grundeinstellung beschreiben (2011, S. 107–122). Anstatt alle Kraft in die Arbeit der Überzeugung der anderen zu legen, richtet sich die Energie auf die *Eine-Sicht* des Teams.

9.3 Aufgabensammlung und Priorisierung

Aufgabensammlung

Nach der Einigung im Team auf die gemeinsamen Ziele braucht es eine Verständigung darüber, welche Aufgaben mit welcher Priorität ausgeführt werden sollen, damit die Ziele erreicht werden können.

Im ersten Schritt erfolgt die Aufgabensammlung. Hierfür nutzen wir je nach Situation drei Formen:

- Wir führen die Aufgabensammlung analog der Zielfindung mit dem Schneeballsystem durch.
- Alternativ erheben jeweils zwei bis drei Teammitglieder die Aufgaben für ein bis zwei Ziele auf Karten. Bei der Vorstellung im Team ergänzen oder verändern sie sie entsprechend.

- Das Team sammelt gemeinsam im Gespräch die Aufgaben mit Blick auf die Ziele und hält sie auf Karten fest.

Wir machen die Erfahrung, dass es auch für Teams, die schon lange bestehen, hilfreich ist, wenn sie eine Aufgabensammlung durchführen oder ihre vorhandene Aufgabensammlung überprüfen. Damit sie sich nicht im Detail des Arbeitsalltags verlieren, hilft es, zwischendurch den Fokus auf die *Sinn- und Zielorientierung* zu richten und zu überlegen, welche Bedeutung die jeweilige Aufgabe dafür hat. Dies hat schon zur Verschlankung so mancher Aufgabensammlung geführt.

Die Frage nach den fünf relevantesten Aufgaben zur Erreichung der Ziele kann ebenfalls eine hilfreiche Unterstützung zur Konkretisierung sein.

Priorisierung

Nachdem sich das Team über die Aufgabensammlung verständigt hat, erfolgt im zweiten Schritt die Priorisierung der Aufgaben. Hierfür nutzen wir die Kriterien »Bedeutung« und »Aufwand« und erstellen daraus eine *Aufgaben-vier-Felder-Matrix* (siehe Abb. 32), in die die Aufgaben einsortiert werden.

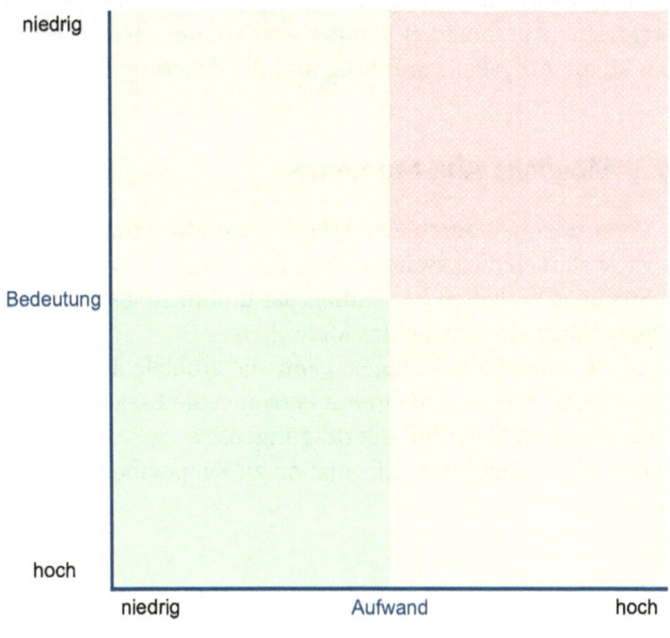

Abb. 32: Aufgaben-vier-Felder-Matrix

Die Priorisierung ist vor allem hilfreich für Teams, die das Gefühl haben, sich in ihren Aufgaben zu verzetteln. Die Einordnung der Karten in die *Aufgaben-vier-Felder-Matrix* ermöglicht einen Überblick, welche Aufgaben und die damit verbundenen Tätigkeiten im Blick auf die Ziele relevant sind und welche weniger. Eine bewusste Entscheidung für ein Tätigwerden im grünen Bereich bei gleichzeitiger aktuell nicht weiterer Berücksichtigung der Aufgaben im roten Bereich, kann für Teams entlastend wirken. Manchmal wird deutlich, dass eigentlich originäre Aufgaben nicht wie gewünscht durchgeführt werden können, weil sie durch Aufgaben überlagert werden, die vom mittelbaren Kontext vorgegeben sind. Beispielhaft sei die Versorgung von zu Pflegenden genannt, die gerade in Zeiten des Personalmangels erschwert wird, wenn zugleich eine ausführliche Dokumentation gefordert wird.

Wir haben die Erfahrung gemacht, dass die gemeinsame Priorisierung der Aufgaben das Selbstverständnis im Team stärkt und dafür sorgt, dass Unzufriedenheiten einzelner Teammitglieder mit der Durchführung bestimmter Aufgaben konstruktiv besprochen werden können.

Hierfür kann zum Beispiel die *Strukturvorlage Aufgabendurchführung* (siehe Abschn. 10.3) genutzt werden, die wir häufig im Anschluss an die Aufgabensammlung und Priorisierung verwenden.

9.4 Mögliche Aha-Momente

- Verbundenheit durch eine Vision schafft Verbindlichkeit.
- Ziele stärken die psychologische Sicherheit.
- Strittiges Verhalten ist veränderbar und nicht gekoppelt an die persönliche Identität eines Menschen.
- Bei Auseinandersetzungen kann die frontale Positionierung zwischen zwei und mehreren Personen die Eskalation fördern, da sie Raum bietet für Übertragungen.
- *Eine-Sicht* führt von Konfrontation zu Kooperation.
- …

10 Aufbau/Rahmen/Struktur

Wie teilen wir unsere Aufgaben auf?
Welche Ressourcen benötigen wir?
Welche Strukturen geben wir uns?

Nachdem im Team die Vision, die Ziele und die Aufgaben geklärt sind, richten wir den Fokus auf den Faktor *Aufbau/Rahmen/Struktur*. Hier klären wir, was benötigt wird, um die Aufgaben durchzuführen, damit die Ziele erreicht werden.

Aufbau
Wir verwenden den Begriff »Aufbau«, wenn es um den Aufbau, die Errichtung oder die Schaffung des Teams als Organisation geht.

Zum Aufbau gehören beispielsweise:

- Stellen: Wie viele Personen mit welcher Stundenanzahl benötigen wir?
- Profession: Welche Profession mit welchem Wissen und welcher Erfahrung benötigen wir?
- Aufgabenverteilung: Wer übernimmt was in welcher Funktion?

Rahmen
Wir verwenden den Begriff »Rahmen« für die Arbeitsbedingungen und Ressourcen, die zur Aufgabenerfüllung notwendig sind.

Zum Rahmen gehören beispielsweise:

- Arbeitszeiten: Wie gestalten wir unsere Arbeitszeiten?
- Arbeitsräume: Welche Räume benötigen wir zur Begegnung im Team und für die Beziehungsgestaltung mit der Klientel?
- Ausstattung: Welche Arbeitsmittel benötigen wir?

Struktur
Wir verwenden den Begriff »Struktur« für alles, was auf die einzelnen und gemeinsamen Tätigkeiten der Teammitglieder ordnend einwirkt.

Zur Struktur gehören beispielsweise:

- Besprechungen: Wie oft treffen wir uns, mit wem, in welcher Form?
- Kommunikation: Wie strukturieren wir den Austausch über die Aufgabendurchführung?
- Aufgabendurchführung: Wie strukturieren wir die einzelnen Aufgaben?

Der Faktor *Aufbau/Rahmen/Struktur* ist eine wichtige Grundlage dafür, *psychologische Sicherheit* im Team zu ermöglichen, da Klarheit in Aufbau, Rahmen und Struktur Orientierung bei der Aufgabenerfüllung bieten.

Wir haben die Erfahrung gemacht, dass die Bedürfnisse im Team gerade bei diesem Faktor sehr unterschiedlich sein können. Was von einigen Teammitgliedern als flexibel wahrgenommen wird, kann für andere strukturlos wirken. Die Betonung von Aufbau, Rahmen und Struktur ist für die einen hilfreich, andere fühlen sich eingeengt.

Bei der Bearbeitung des Faktors legen wir keine Reihenfolge fest. Welcher der drei Aspekte zuerst bearbeitet wird, ist für uns von der jeweiligen Teamsituation abhängig.

Im Blick auf diesen Faktor sehen wir den größten Bedarf an Unterstützung beim Umgang mit Teambesprechungen sowie bei der konkreten Aufgabenverteilung und Durchführung. Von daher beschreiben wir im Folgenden für die praktische Arbeit:

- eine *Rahmenvorlage Besprechungen*
- einen *Fragebogen zur Besprechungsstruktur*
- eine *Strukturvorlage Aufgabendurchführung.*

Alle drei Vorlagen nutzen wir je nach Situation unterschiedlich oder verbinden sie. Entsprechend dem Faktor arbeiten wir vor allem kognitiv mit strukturierten Vorlagen.

10.1 Rahmenvorlage Besprechungen

Unsere Erfahrung ist, dass Teams häufig an ihrer Besprechungskultur etwas verändern möchten. Die *Rahmenvorlage Besprechungen* kann Teams darin unterstützen, ihre Besprechungskultur zu reflektieren und gegebenenfalls zu verändern.

Rahmenvorlage Besprechungen					
Welche Ziele wollen wir erreichen? Vision, Ziele	**Welche Systeme müssen wie oft kommunizieren?** Gesamt-/Teil-besprechungen	**Wer führt wie?** Moderation, Entscheidungen, ...	**Wo treffen wir uns?** Ort, Medium, ...	**Welche Ressourcen benötigen wir?** Raum, Medien, Catering, ...	**Wie sichern wir die Ergebnisse?** Dokumentation, Öffentlichkeit, ...

Abb. 33: AB Rahmenvorlage Besprechungen

Mithilfe des Arbeitsblattes *Rahmenvorlage Besprechungen* (siehe Abb. 33) laden wir zunächst zur Einzelreflexion aller Teammitglieder ein. Je nach Größe und Situation des Teams gehen wir dann mit allen in den Austausch oder fügen eine Teilteamrunde ein.

Die Frage nach den Zielen dient der Fokussierung. Sie kann hilfreich sein bei der grundsätzlichen Frage danach, wem oder was die gesamte Besprechung nutzt.

Da es meistens nicht notwendig ist, dass sich das ganze Team für die Bearbeitung der anstehenden Fragen trifft, sollte überlegt werden, wer zur Klärung im Hinblick auf die Ziele anwesend sein sollte. Teilbesprechungen, in denen Themen vorbereitet werden, schaffen Entlastung für das ganze Team, wenn sie transparent verabredet werden.

Die Frage »Wer führt wie?« betrifft vor allem Teams, die keine offizielle Teamleitung haben, wobei auch Teamleitungen Moderation und Entscheidungen delegieren können. Wenn es bei dieser Frage einen größeren Redebedarf gibt, ist dies für uns ein Hinweis, sich stärker in der Teamentwicklung mit dem Thema »Führung« zu beschäftigen.

Die Bedeutung des Rahmens in Bezug auf Ort und Ressourcen wird häufig unterschätzt. Der Ort und seine Gestaltung tragen wesentlich zur *psychologischen Sicherheit* bei und wirken sich auf die Wertschätzung, die Motivation und die Gesundheit aus. Die Größe und Ästhetik eines Raumes, ausreichende Frischluftversorgung, einladende Verpflegung sowie funktionierende und ansprechende Medien tragen wesentlich zum Gelingen von Teambesprechungen bei und wirken sich auf die Energie und Inspiration im Team aus.

Bei Onlinebesprechungen achten wir darauf, dass die technischen Voraussetzungen für eine funktionierende Übertragung von Ton und Bild vorhanden sind und alle Teammitglieder mit dem entsprechenden Medium und möglichen Zusatztools genügend vertraut sind. Ähnlich wie bei einer Präsenzveranstaltung wirkt sich auch hier die Rahmung auf die *psychologische Sicherheit,* Wertschätzung, und Motivation aus.

Die letzte Spalte in der Rahmenvorlage gilt der Ergebnissicherung. Wir arbeiten hier gerne mit Fotoprotokollen. Entscheidend ist weniger die Form der Dokumentation (z. B. Fotoprotokoll, Ergebnisprotokoll, Onlinedokumentation), sondern vielmehr das gemeinsame Verständnis im Team dessen, wie die Ergebnisse dokumentiert werden. Die Dokumentation unterstützt die Transparenz und kann für eine Nachhaltigkeit der Ergebnisse sorgen. Nicht anwesende Teammitglieder bleiben informiert.

10.2 Fragen zur Besprechungsstruktur

Teambesprechungen bieten Stoff für Unzufriedenheit, wenn sie als überflüssig, als nicht konstruktiv, als ineffektiv oder auch als nicht stattfindend wahrgenommen werden. Sie sind in der Teamentwicklung wesentlich für die *psychologische Sicherheit*, für die *Sinn- und Zielorientierung* sowie für die *Selbstreflexion* im Team. Es ist unserer Ansicht nach eine primäre Aufgabe von Führung, das Team bei der Schaffung hilfreicher Strukturen für die Teambesprechungen zu unterstützen. Wir nutzen dafür das Arbeitsblatt *Fragen zur Besprechungsstruktur* (siehe Abb. 34).

Zu Frage 1 und 2:

Der gemeinsame strukturierte Ein- und Ausstieg unterstützt die Teammitglieder, im Team und bei den relevanten Themen anzukommen. Es braucht keine ausführliche Befindlichkeitsrunde. Oft reichen ein Satz zur Tagesform und ein Satz zu dem, was das wichtigste Interesse in dieser Besprechung ist. Durch die kurze Möglichkeit, sich zur Tagesform auszudrücken, kann jedes Teammitglied etwas über seine Befindlichkeit äußern, und in der Benennung des Interesses kommen die Ziele der Besprechung in den Fokus. Zugleich wird nach einer solchen Runde deutlich, ob die Besprechung wie

Fragen zur Besprechungsstruktur

1) Gibt es einen Einstieg und einen Ausstieg?
2) Wie achten wir darauf, dass die Sinn- und Zielorientierung im Fokus bleibt?
3) Wie gehen wir mit unserer Zeit um?
4) Wer achtet auf die Einhaltung der Zeiten?
5) Wie sammeln und sortieren wir die Themen?
6) Wie unterscheiden wir zwischen Informationsaustausch, Erfahrungsaustausch, Diskussionsbedarf, Entscheidungsbedarf und persönlichem Austausch?
7) Wie gehen wir mit Themen um, die nicht behandelt werden sollen oder können?
8) Wie treffen wir Entscheidungen?
9) Wie dokumentieren wir?
10) Wie veröffentlichen wir die Ergebnisse?
11) Wer moderiert?
12) Worauf soll die Moderation achten?
13) …

Abb. 34: AB Fragen zur Besprechungsstruktur

geplant durchgeführt werden kann oder ob es einer Verständigung über eine Änderung bedarf. Die kurze Abschlussrunde mit der Frage, »Wofür war die Besprechung nützlich?«, lenkt den Fokus wieder auf die Ziele. Zugleich ist es möglich, das Miteinander zu reflektieren. Einstiegs- und Ausstiegsrunden können mit einem *Moment der Stille* verbunden werden (siehe Abschn. 12.3).

Zu Frage 3 und 4:

Beim Thema »Zeit« können im Team Welten aufeinanderstoßen. Es gibt Teammitglieder mit einer Präferenz für einen strukturorientieren Lebensstil. Sie sind fünf Minuten vor dem Start gut vorbereitet da. Sie äußern ihren Unmut, wenn die Besprechung nicht pünktlich beginnt. Das verbindlich vereinbarte Ende ist ihnen wichtig, da sie einen Folgetermin fest eingeplant haben. Dagegen gibt es Teammitglieder, die eher eine Präferenz für einen prozessorientierten Lebensstil haben. Für sie sind Zeiten eher Richtwerte. Wenn sie da sind, sind sie voll dabei, und dann ist es auch in Ordnung, wenn es länger dauert, weil gerade alle so engagiert sind. Für ein besseres Verständnis dieser unterschiedlichen Präferenzen kann die Beschäftigung mit der Typologie hilfreich sein, wie sie zum Beispiel Richard Bents und Reiner Blank in *Typisch Mensch. Einführung in die Typentheorie* (2004) bildhaft anbieten. Gerade wenn es im Team unterschiedliche Präferenzen und, damit verbunden, unterschiedliche Werte und Bedürfnisse gibt, halten wir es für notwendig, sich auszutauschen und zu einer gemeinsamen Lösung zu kommen. Bei dem Thema »Zeit« geht es zugleich um Wertschätzung und Sicherheit. Umso mehr braucht es eine Regelung, der alle zustimmen können.

Mindestens so wichtig wie die gemeinsame Vereinbarung über den Umgang mit der Zeit in der Frage 3 ist die Frage, wer in welcher Form auf die Einhaltung der Vereinbarung achtet.

Zu Frage 5, 6 und 7:

Wir erleben es als entlastend für Teams, wenn es eine Klarheit darüber gibt, in welcher Form sie sich auf eine Besprechung vorzubereiten haben. Es macht einen Unterschied, ob im Vorwege eine Besprechungsvorlage mit den zu behandelnden Themen erstellt wird oder ob alle gemeinsam in der Besprechung selbst mit der Sammlung beginnen und in der Folge das Thema zuerst behandelt wird, das als erstes benannt wird. Ebenso macht es einen Unterschied, ob es eine Besprechung ist, bei der es um den reinen Informationsaustausch, um den Austausch über einen Vorfall oder die Diskussion eines strategischen Themas geht.

Erfahrungsgemäß finden Teams individuelle und für sie hilfreiche Lösungen, wenn wir an diesen Themen arbeiten. Dies kann von einem Themenbesprechungsheft, in dem im Vorwege die möglichen Themen eingetragen werden, über eine Onlinevariante bis zu einer benannten Funktion der Besprechungsvorbereitung variieren.

In diesem Zusammenhang klären wir auch, wie mit den Themen umgegangen wird, die aus zeitlichen Gründen nicht bearbeitet werden können oder weil es Themen sind, die nicht den Verantwortungsbereich des Teams betreffen. Hier ist Führung gefragt, einen verantwortungsvollen Umgang damit zu finden.

Zu Frage 8, 9 und 10:

Es ist hilfreich, bei anstehenden Themen zu klären, ob es um reinen Informationsaustausch geht oder inwieweit Diskussionsbedarf besteht und eine Entscheidung notwendig ist. Dabei braucht es die Klarheit, wer gegebenenfalls wie die Entscheidung trifft.

Die Dokumentation ist vor allem für das Team selbst von Bedeutung. Sie kann für eine stärkere Verbindlichkeit der Vereinbarungen sorgen und helfen, wenn Themen fortlaufend behandelt werden. Gleichzeitig kann sie Teammitglieder, die nicht in der Besprechung dabei sein können, auf dem Laufenden halten. Es sollte eine Vereinbarung über Form und Inhalt geben. Ein kurzes Ergebnisprotokoll ist meistens hilfreicher als eine ausführliche Prozessdokumentation. Es lässt sich als Formular mit einer Besprechungsvorlage verknüpfen. Die Erstellung der Dokumentation kann rotierend oder als Funktion der Protokollführung durch ein Teammitglied erfolgen.

Neben der Dokumentation ist die Beantwortung der Frage wichtig, wie über die besprochenen Themen und Entscheidungen nach außen kommuniziert wird. Wie und wann erfahren nicht anwesende Teammitglieder davon, und in welcher Form wird darüber in der Organisation oder auch in der Öffentlichkeit geredet? Dabei geht es um die bewusste Wahrnehmung des Spannungsfeldes zwischen Transparenz und Vertraulichkeit. Es gibt Teams, bei denen in jeder Besprechung am Ende die Frage nach der Veröffentlichung gestellt wird.

Zu Frage 11 und 12:

Wer die Besprechung moderiert und worauf die Moderation zu achten hat, sind wichtige Fragen bei der Strukturierung von Besprechungen. Sie könnten auch am Anfang der Fragen zur Besprechungsstruktur geklärt werden. Gleichzeitig kann es hilfreich sein, zuerst die Fragen 1. bis 10. zu beantworten, da dann offensichtlicher wird, welche Erwartungen an die Moderation gestellt werden. Die Moderationsrolle führt durch die Besprechung. Sie kann mit der Funktion der Teamleitung oder mit einem Teammitglied verknüpft sein, möglich ist aber auch ein rotierender Wechsel oder eine Aufteilung.

Zu Frage 13:

Die Beschäftigung im Team mit den Fragen 1. bis 12. eröffnet den Raum für weitere Fragen oder Irritationen, die sich in den Teambesprechungen angesammelt haben, jedoch nie zur Sprache kamen, weil keine Zeit war oder das Vertrauen fehlte, sie anzusprechen.

10.3 Strukturvorlage Aufgabendurchführung

Die wahrscheinlich vielen bekannte Formel: »Wer macht was bis wann?« ist die Grundidee für die *Strukturvorlage Aufgabendurchführung*.

Die Arbeit mit der Strukturvorlage scheint auf den ersten Blick simpel und ist für viele Teams vielleicht eine Selbstverständlichkeit. Gleichzeitig haben wir aber auch mit vielen Teams gearbeitet, die schöne Visionen und Leitbilder formuliert hatten, jedoch in der praktischen Umsetzung stecken geblieben waren.

Wir nutzen das AB *Strukturvorlage Aufgabendurchführung* (siehe Abb. 35), nachdem wir mit einem Team die Aufgabensammlung und die Priorisierung durchgeführt haben.

Auf einer Metaplanwand erstellen wir die Strukturvorlage.

Wir beginnen mit der Aufgabe, die in der *Aufgaben-vier-Felder-Matrix* (siehe Abb. 32) im grünen Feld am weitesten unten links verortet wurde, da sie am wichtigsten ist und mit dem geringsten Aufwand erledigt werden kann. Nacheinander gehen wir die Spalten der Vorlage durch und halten die Ergebnisse fest.

Strukturvorlage Aufgabenerfüllung							
Was? Aufgaben	**Wie soll es gemacht werden?** Methode	**Wer macht was?** Rollen	**Was benötigen wir?** Ressourcen	**Wer entscheidet wie?** Regeln	**Wie informieren wir?** Kommunikation	**Bis wann?** Zeitplan	**Wie läuft es?** Evaluation

Abb. 35: AB Strukturvorlage Aufgabendurchführung

Bei komplexeren Aufgaben kann es hilfreich sein, sie noch mal zu differenzieren, damit sie umsetzbar sind.

Manchmal kommt die Arbeit ins Stocken, weil es im Team Uneinigkeit gibt über die Antworten. Wir unternehmen dann gerne einen Zwischenschritt, indem wir:

- zuerst erheben, wie die Frage bisher beantwortet wurde.
- Als Zweites überlegen wir mögliche neue Antworten und notieren alle genannten.
- Als Drittes lassen wir das Team entscheiden, welche Antwort im Fokus auf die Ziele künftig umgesetzt werden soll.

10.4 Mögliche Aha-Momente

- Struktur kann zugleich Menschen einengen und Sicherheit geben.
- Sowohl Strukturlosigkeit als auch überbordende Strukturen vermindern *psychologische Sicherheit.*
- In der Gestaltung von Besprechungen zeigt sich Wertschätzung.
- Ergebnissicherung sorgt für Transparenz.
- Bei dem Thema »Zeit« geht es zugleich um Wertschätzung und Sicherheit.
- Die Gestaltung funktionaler Strukturen ist zentrale Aufgabe von Führung.
- …

11 Ablauf/Prozesse/Kommunikation

> Wie erfolgreich führen wir die Aufgaben durch?
>
> Wie gut kooperieren wir bei der Durchführung?
>
> Wie kommunizieren wir in unserer und über unsere Kooperation?

Beim dritten äußeren Faktor richten wir den Fokus auf die Reflexion der Durchführung. Dabei betrachten wir den *Ablauf* der Aufgabendurchführung, die *Prozesse* der Kooperation und die *Kommunikation* im Fokus auf die Rolle.

Ablauf

Unter Ablauf verstehen wir vor allem die Durchführung in Bezug auf die zeitlichen und räumlichen Regelungen sowie den Umgang mit den Ressourcen. Basis einer Reflexion können die getroffenen Vereinbarungen zur Struktur der Aufgabendurchführung sein.

Prozesse

Prozesse beschreiben für uns die Kooperation während der Durchführung. Dazu gehören vor allem die Dynamiken, die sich aus der Interaktion zwischen allen Beteiligten ergeben.

Kommunikation

Kommunikation beinhaltet für uns den Austausch im Team während der Durchführung der Aufgaben sowie die Reflexion darüber.

Bei den Antworten auf die Leitfragen dieses Faktors sind die Erwartungen und das jeweilige Rollenverständnis im Team von entscheidender Bedeutung. Je klarer das gemeinsame Verständnis über die gegenseitigen Erwartungen im Team vorhanden ist, als desto handlungsfähiger kann sich das Team in den Abläufen, den Prozessen und der Kommunikation erleben.

Daher legen wir bei diesem Faktor den Schwerpunkt auf das Verständnis, Erleben und Reflektieren der Teamrollen.

Dafür definieren und erläutern wir zunächst den Begriff »Rolle« und bieten anschließend drei Instrumente für die praktische Durchführung in der Teamentwicklung an:

- Die *Triade beruflichen Handelns* ermöglicht eine Differenzierung sowohl im Hinblick auf die Rolle einzelner Teammitglieder als auch auf das gesamte Team (siehe Abschn. 11.1).
- Mit der Übung zum *Vier-Rollen-Modell* lassen sich idealtypische Rollen im Team erleben und reflektieren (siehe Abschn. 11.2).
- Mit der *Rollenklärung* lassen sich bestehende Rollen evaluieren und verändern (siehe Abschn. 11.3).

Die Rolle

Unter Rolle verstehen wir das Zusammenspiel der manifesten und latenten Erwartungen zwischen den Rolleninhabenden und den Teammitgliedern in Bezug auf das Verhalten bei der Aufgabendurchführung.

Manifest sind Erwartungen, die allen bekannt sind. Sie können in einer Aufgaben- oder Tätigkeitsbeschreibung festgehalten werden. Latent sind Erwartungen, die nicht allen bekannt sind. Sie können bewusst und unbewusst vorhanden sein.

Manifest kann die ausgesprochene und vereinbarte Erwartung sein, dass ein Teammitglied für die Erledigung des allgemeinen E-Mail-Verkehrs zuständig ist. Wenn dies vergessen oder nicht im vereinbarten Rahmen erledigt wurde, ist die Kommunikation darüber leicht möglich, da die Erwartung bekannt war.

Mit latenten Erwartungen ist es hingegen wie mit den umfangreichen klein geschriebenen AGB im Internet, die angekreuzt werden, ohne dass sie ganz gelesen und verstanden wurden. Latent kann zum Beispiel die Erwartung sein, dass ein Teammitglied für die Zubereitung des Kaffees zuständig ist. Das Team hat vielleicht diese unausgesprochene Erwartung, weil das Teammitglied sich die meiste Zeit im Büro aufhält. Das Teammitglied selbst hat die Aufgabe übernommen, weil es fand, dass das zur harmonischen Atmosphäre im Team beiträgt. Eine gemeinsame Vereinbarung gab es nicht. Wenn nun kein frischer Kaffee da ist, kann es zu enttäuschten Erwartungen kommen.

In Teams können Konflikte entstehen, wenn nicht über diese gegenseitigen Erwartungen kommuniziert wird. Dann werden im Team interne »Merk-ich-mir-Hefte« geführt, in denen nicht erwünschte Verhaltensweisen wie Rabattmarken gesammelt werden.

Wenn das Heft voll ist, wird abgerechnet. Das Gegenüber ist dann irritiert, weil es die Reaktion nur mit seinem Verhalten in Verbindung bringen kann, das aktuell als letztes eingeklebt wurde.

11.1 Triade beruflichen Handelns

Mit der *Triade beruflichen Handelns*, die wir in Anlehnung an Kornelia Rappe-Giesecke (vgl. 2008) entwickelt haben, bieten wir ein Modell an, um unterschiedliche Logiken im Team und die damit verbundenen Erwartungen bei der beruflichen Arbeit wahrzunehmen und konstruktiv zu nutzen. Wir präsentieren sie zunächst als theoretischen Input, um Dynamiken im Team anders zu verstehen. Darauf stellen wir dar, wie sie sich als praktische Aufstellungsübung verwenden lässt.

Modell Triade beruflichen Handelns

Rollenklärung im Team erfolgt häufig im Spannungsfeld von Beziehungs- und Aufgabenebene. Während die einen mehr Empathie einfordern, beschränken die anderen das Thema auf die Sachebene. Solch eine Dualität von *Person* und *Funktion* kann für Spannungen sorgen, die sich auf die Handlungsfähigkeit im Team negativ auswirken. Diese Entweder-oder-Logik löst Kornelia Rappe-Giesecke auf, indem sie die *Profession* als dritte Dimension hinzunimmt. Daraus entwickelt sie eine Triade, die sie als »Basistriade des Einzelklienten« (vgl. 2008, S. 36) benennt:

> »Der Klient der berufsbezogenen Einzelberatung wird im hier vorgelegten Modell als das emergente Produkt des Zusammenwirkens der drei Dimensionen
>
> - Person
> - Inhaber einer *Funktion*
> - Angehöriger einer *Profession*
>
> modelliert« (ebd, S. 35).

Wir lösen diese Triade aus dem Kontext der berufsbezogenen Einzelberatung und nutzen sie für den Kontext der Teamentwicklung, als *Triade beruflichen Handelns* (siehe Abb. 36).

Zur *Person* gehören die psychische Struktur mit ihren Präferenzen der Kommunikation und des Verhaltens, die biografische Prägung sowie individuelle Bedürfnisse wie Sicherheit, Freiheit, Auto-

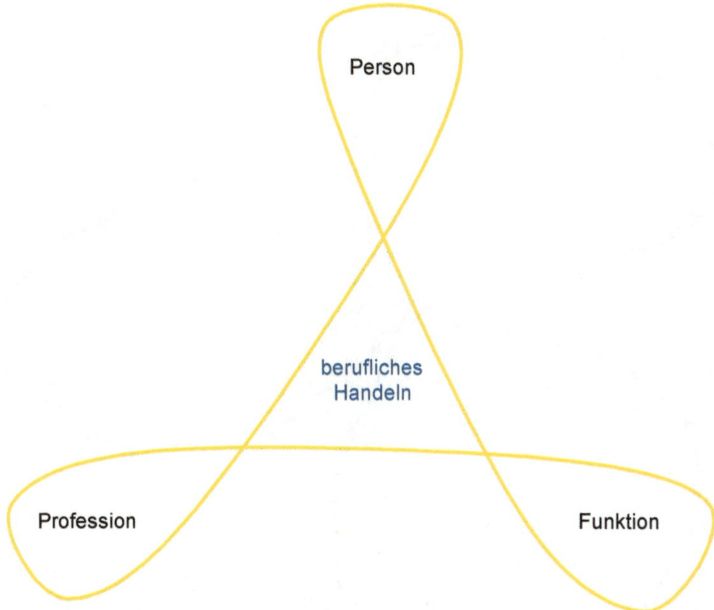

Abb. 36: Triade beruflichen Handelns

nomie und Zugehörigkeit. In der *Personenlogik* stellen Teammitglieder die Beziehung in den Vordergrund und sind primär am sozialen Miteinander interessiert.

Zur *Funktion* gehören die Position in der Aufbauorganisation und, daraus abgeleitet, die offiziell zugeschriebenen Aufgaben und Befugnisse. In der *Funktionslogik* stellen Teammitglieder die Funktionserfüllung in den Vordergrund und sind primär am Erfüllen der Aufgaben interessiert.

Zur *Profession* gehören die Fachlichkeit, gemeinsame Werte und die Identität als Berufsgruppe, als Team oder als Organisation. In der *Professionslogik* stellen Teammitglieder die Fachlichkeit in den Vordergrund und sind primär an der fachlichen und qualitativen Weiterentwicklung der Arbeit und ihrer Profession interessiert.

Aufstellungen mit der Triade beruflichen Handelns

In der Praxis erläutern wir die *Triade beruflichen Handelns* mit drei Karten und einem langen Seil. Das Seil verbinden wir an den Enden und bilden daraus drei Schlaufen, in die wir jeweils die drei Karten legen (siehe Abb. 37).

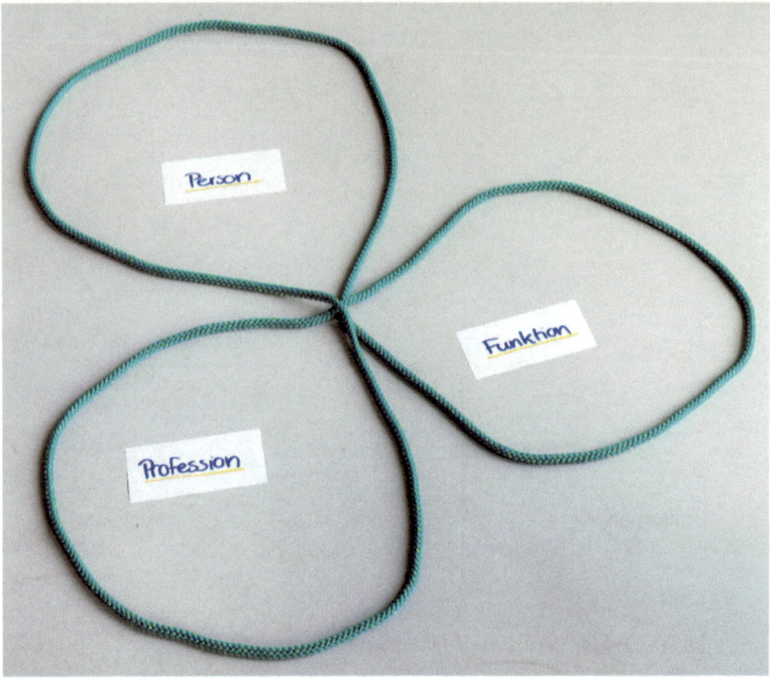

Abb. 37: Triade beruflichen Handelns als Aufstellung

Nun bitten wir die Teammitglieder, sich selbst nacheinander in die drei Felder zu begeben oder stellvertretend Pylonen nacheinander in die drei Felder zu setzen und dabei jeweils wahrzunehmen, was die einzelnen Logiken für sie bedeuten. Ein kurzer Austausch über die Wahrnehmungen ist hilfreich für ein besseres Verständnis der Triade.

Für den nächsten Schritt bitten wir die Teammitglieder, eine konkrete Situation der Teamkooperation auszuwählen. Sie sind dann eingeladen, sich in dem Feld zu verorten, dessen Logik in der Situation für sie am präsentesten war. Manchmal stellen sich Teammitglieder mit einem Bein in das eine und mit dem anderen Bein in das andere Feld. Dass jemand in allen drei Feldern zugleich stehen möchte, erleben wir selten. Entsprechend der Anzahl der Teammitglieder in den Feldern werden die Seilschlaufen vergrößert oder verkleinert. Da das Seil von seiner Länge her begrenzt ist, führt eine Vergrößerung des einen Feldes automatisch zu einer Verkleinerung der anderen beiden Felder. Hierüber kann deutlich gemacht werden, dass im Team eine

Logik präferiert wird beziehungsweise eine je andere Logik ausgeblendet wird. Stehen zum Beispiel mehrere Teammitglieder vor allem in den Feldern *Person* und *Profession*, werden sie größer, während das Feld *Funktion* sich verkleinert. Dadurch könnte deutlich werden, dass die *Sinn- und Zielorientierung*, die vor allem in der *Funktion* verortet ist, möglicherweise ausgeblendet wird.

Bei hoch handlungsfähigen Teams ist erfahrungsgemäß eine gute Balance zwischen allen drei Logiken vorhanden. Die Wahrnehmung, dass ein Feld und damit eine Logik ausgeblendet wird, kann im Team für *Aha-Momente* sorgen. In der weiterführenden Reflexion der wahrgenommenen präferierten Logiken im Team können sich Hinweise auf Entwicklungsbedarfe ergeben.

11.2 Vier-Rollen-Modell

Das *Vier-Rollen-Modell* nach Kantor[12] beschreibt vier idealtypische Rollen, die bei Interaktionen im Team aktiv werden können. Zu einer gelungenen Interaktion bedarf es aller vier Rollen. Das Modell ermöglicht das praktische Erleben dieser idealtypischen Rollen und zugleich die Reflexion der Teamrollen.

Zur Visualisierung der Übung nutzen wir das Arbeitsblatt *Vier-Rollen-Modell* nach Kantor (siehe Abb. 38) oder stellen es auf einem Flipchart dar.

Je nach Größe des Teams spielen wir die Übung in ein bis drei Gruppen durch. Jede Gruppe erhält vier Rollenkarten und teilt sie auf. Bei mehr als vier Personen beobachten die übrigen die Übung mit Abstand von außen, ohne in das Geschehen einzugreifen.

Die vier Personen sind eingeladen, sich in ihre Rolle einzufühlen und dann – ohne sich zu berühren, ohne zu sprechen und ohne die Nutzung von Gegenständen – ihre Rollen zwei Minuten lang miteinander zu spielen.

Die Bewegungsrolle überlegt sich eine Bewegung und führt sie aus. Die Unterstützungsrolle versucht, auf ihre Weise die Bewegung zu unterstützen. Die Oppositionsrolle lehnt die Bewegung ab und versucht, sie zu verhindern. Die Beobachtungsrolle beobachtet alle Rollen und versucht, ihnen gemeinsam eine Perspektive zu geben.

12 Das Vier-Rollen-Modell und die Übung dazu haben wir durch Kornelia Rappe-Giesecke nach einem unveröffentlichten Manuskript von David Kantor und unter Bezug auf William Isaacs (vgl. 2002, S. 165–172) kennengelernt.

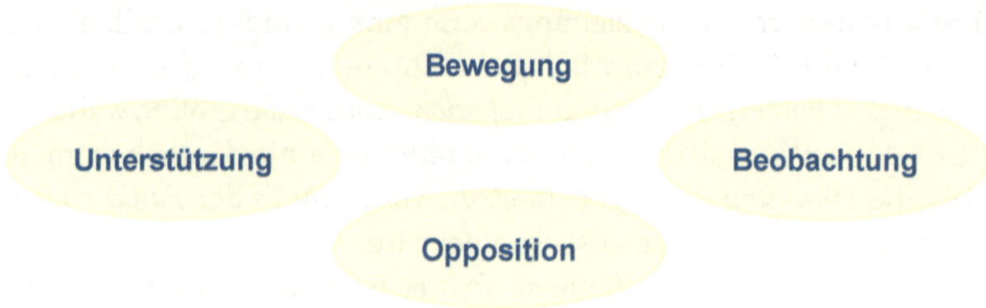

- 4 x spielen mit wechselnden Rollen
- Im Raum bleiben – ohne Berührung, ohne Sprechen, ohne Gegenstände
- Je Rolle zwei Minuten spielen, kurz in Stille wahrnehmen, wechseln, austauschen

Bewegung (mover)
- Bewegen, eine Handlung initiieren
- ➢ Ohne Bewegung gibt es keine Richtung.

Unterstützung (follower)
- Die Bewegung unterstützen
- ➢ Ohne Unterstützung gibt es keine Vervollständigung.

Opposition (opposer)
- Die Bewegung ablehnen
- ➢ Ohne Opposition gibt es keine Korrektur.

Beobachtung (bystander)
- Beobachten, Fragen stellen, kommentieren
- ➢ Ohne Beobachtung gibt es keine Perspektive.

Abb. 38: AB Vier-Rollen-Modell nach Kantor

Nach dem Durchspielen laden wir ein – ohne miteinander zu reden – wahrzunehmen, wie leicht oder schwer das Spielen der Rolle gefallen ist und wie die anderen Rollen erlebt wurden. Der gemeinsame mündliche Austausch erfolgt erst, wenn alle jede Rolle einmal gespielt haben.

Bei mehreren Gruppen laden wir nach dem Durchspielen aller Rollen zunächst zum freien Austausch in der Gruppe ein, bevor wir mit allen gemeinsam die Reflexion durchführen.

Im ersten Schritt der Reflexion bieten sich folgende Fragen an:

- Welche Rolle fiel am schwersten, welche am leichtesten?
- Welche Rolle hat am meisten Spaß gemacht?
- Welche Rolle war am attraktivsten?
- Welche Rolle war am nervigsten?

Im zweiten Schritt reflektieren wir die Qualität der einzelnen Rollen und überlegen, welche Auswirkung das Fehlen einer Rolle bedeuten könnte.

Bei Durchführungen der Übung mit Dreiergruppen konnten wir folgende Beobachtungen machen:

- Fehlte die Bewegung, kam es zu Ratlosigkeit. Wenn die Opposition attraktiv genug war, übernahm sie diese Rolle. Dies konnten wir auch in Vierergruppen beobachten, wenn die Bewegung nicht wusste, was sie machen sollte, und die Opposition entsprechend attraktiv war. Dann schloss sich die Unterstützung der Opposition an, womit sich diese Rolle zur Bewegung wandelte.
- Fehlte die Unterstützung, kam es zum Patt zwischen Bewegung und Opposition. Teilweise ließ sich die Beobachtung locken und wechselte in die Unterstützung.
- Fehlte die Opposition, gab es kein Halten mehr. In einem großen Raum machten sich Bewegung und Unterstützung so schnell auf den Weg, dass die Beobachtung kaum hinterherkam.
- Fehlte die Beobachtung, wurde die Übung als konfrontativer erlebt, oder die Opposition fühlte sich noch stärker außen vor.

In einem dritten Schritt laden wir ein zu überlegen, was die jeweiligen Rollen in positiver Absicht beitragen können und wie dies negativ ankommen könnte. Die Antworten halten wir auf Karten fest, sodass eine Tabelle entsteht, wie sie in der Abbildung *Vier-Rollen-Modell: Absichten* (siehe Abb. 39) dargestellt ist.

Vier-Rollen-Modell	**beabsichtigt**	**kann ankommen als**
Bewegung	Richtung geben, Verbindlichkeit und Klarheit schaffen, Impulse geben, Perfektion erreichen	Omnipotenzgehabe, Ungeduld, diktatorisches oder autoritäres Verhalten, Aktionismus
Unterstützung	Ergänzung bieten, Mitgefühl und Loyalität zeigen, Unterstützung geben, Weiterführung, Stärkung	Ja-Sagerei, Unentschlossenheit, Beeinflussbarkeit, Mitläufertum, blinder Gehorsam
Opposition	Korrektur geben, Überleben sichern, Mut zeigen, Schutz bieten, unabhängig bleiben	Kritik, Konkurrenz, Nörgelei, Angriff, Widerspenstigkeit, Störung, Bremse
Beobachtung	Perspektive bieten, Vermittlung, bewahren, Mäßigung erreichen, zur Selbstreflexion anleiten	unbeteiligt sein, abwesend sein, konfliktscheu sein, Schweigen, harmoniesüchtig, positionslos

Abb. 39: Vier-Rollen-Modell: Absichten

Die Wahrnehmung der positiven Absicht kann zu einer neuen Wertschätzung aller vier Rollen führen. Zum Beispiel kann die Opposition jetzt eher als notwendige Korrektur gesehen werden. Dies kann Teammitgliedern, die sehr in der Opposition verortet sind und sich oft allein fühlen, helfen, ihre Rolle im Team neu wahrzunehmen.

Im letzten Schritt übertragen wir die Erfahrungen und Erkenntnisse auf das Team und seine Interaktionen.

Folgende Fragen bieten sich an:

- Für welches Handeln im Team haben wir ein anderes Verstehen bekommen?
- Welche Rollen sind in unserem Team mehr vertreten, welche weniger?
- Wer im Team übernimmt in welchem Kontext welche Rolle?

In der Reflexion wird deutlich, dass normalerweise alle Rollen von allen Teammitgliedern in unterschiedlichen Kontexten ausgefüllt werden können. Gleichzeitig gibt es je nach Kontext Präferenzen, die einzelne Teammitglieder bestimmte Rollen häufiger ausfüllen lassen und andere weniger.

Das Modell stellt vier idealtypische Teamrollen dar. In der Praxis finden sie sich selten in Reinform.

11.3 Rollenklärung

Eine Rollenklärung im Team kann die Handlungsfähigkeit sowohl einzelner Teammitglieder als auch des ganzen Teams erhöhen. Sie kann als Wertschätzung der durchgeführten Tätigkeiten wahrgenommen werden und ermöglicht zugleich eine Weiterentwicklung der jeweiligen Rolle.

Wir haben die Erfahrung gemacht, dass eine Rollenklärung genügend Zeit und einen sicheren Rahmen benötigt.

Die Zeitdauer hängt davon ab, ob die Klärung für

- eine bestimmte Anzahl oder für alle Tätigkeiten
- eine Teamrolle oder für das ganze Team
- einfache oder komplexe Tätigkeiten
- einfache oder schwer erlernbare Tätigkeiten

durchgeführt werden soll.

Der benötigte Rahmen ist abhängig von der Handlungsfähigkeit des Teams. Für eine Rollenklärung, wie im Folgenden beschrieben, sollte sich das Team im Modell *Niveaus der Handlungsfähigkeit* mindestens auf der Ebene Problem befinden, da für konstruktives Feedback genügend Vertrauen und Sicherheit bei allen Beteiligten notwendig ist. Je komplexer die Klärung, desto mehr bedarf es an Rahmen und Führung.

Bei der Rollenklärung ist zu unterscheiden zwischen der Zuständigkeit dafür, »wer« etwas ausführt, und dem Verhalten bezüglich dessen, »wie« die Tätigkeit ausgeführt wird. Ein Teammitglied kann für die Annahme der Telefongespräche zuständig sein und dies sehr verlässlich erledigen. Gleichzeitig kann das Verhalten beim Telefonat variieren und zu Veränderungswünschen bei anderen Teammitgliedern führen.

Die Klärung der Zuständigkeit für eine Tätigkeit erfolgt für uns im Faktor *Aufbau/Rahmen/Struktur*. Beim Faktor *Ablauf/Prozesse/Kommunikation* geht es in der Rollenklärung um das Verhalten, wie die Tätigkeit ausgeführt wird. Vor der Durchführung kann eine Vergewisserung der Unterscheidung von Verhalten, Bedürfnis und Mensch sowie der Bedeutung der Ziele für die Tätigkeit hilfreich sein.

Konkret erstreckt sich der Prozess der Rollenklärung für eine Teamrolle mit drei bis fünf positiven Rückmeldungen zum Verhalten und ein bis drei Wünschen zur Verhaltensänderung über ca. 60 bis 90 Minuten.

Erheben

Zum Erheben der zu klärenden Erwartungen kann das Arbeitsblatt *Rollenklärung* (siehe Abb. 40) verwandt werden.

Austausch

Für den Austausch lassen wir die Teammitglieder ihre Karten vorlesen und bitten sie, sie entweder in der Mitte auf den Boden zu legen (siehe Abb. 41) oder an eine Moderationswand zu pinnen. Ersteres ist mehr eingebunden in den Energiefluss des Teams, Letzteres lässt sich besser lesen und kann dadurch mehr Orientierung bieten. Je nach Typ wird es im Team unterschiedliche Präfenzen geben, die sich erfragen lassen. Ausschlaggebend ist für uns das Bedürfnis des Teammitgliedes, um dessen Rolle es geht.

Rollenklärung

Jedes Teammitglied beantwortet im Hinblick auf die Rolle des Teammitgliedes, für das die Rollenklärung durchgeführt wird, die folgenden Fragen und hält seine Antworten zu den ersten beiden Fragen stichwortartig auf Karten fest:

1) Was schätze ich an der Ausführung deiner Tätigkeiten? (3–5 Karten)
2) Wo habe ich Klärungsbedarf oder Veränderungswünsche zur Ausführung deiner Tätigkeiten? (1–3 Karten)
3) Wie könnte ich dich dabei unterstützen?

Das Teammitglied, für das die Rollenklärung durchgeführt wird, beantwortet für sich die folgenden drei Fragen und hält seine Antworten zu den ersten beiden Fragen stichwortartig auf Karten fest:

1) Was schätze ich an der Ausführung meiner Tätigkeiten? (3–5 Karten)
2) Wo habe ich Klärungsbedarf oder Veränderungswünsche zur Ausführung meiner Tätigkeiten? (1–3 Karten)
3) Was könnte mich dabei unterstützen?

Abb. 40: AB Rollenklärung

Zunächst stellt das Teammitglied, dessen Rolle geklärt wird, seine Antworten zu Frage 1) vor.

Dann stellen die Teammitglieder ihre Antworten vor.

In der gleichen Reihenfolge findet anschließend der Austausch zu Frage 2) statt.

Bei allen Antworten geht es um ein Zuhören und Wahrnehmen. Verständnisfragen und Resonanzen sind möglich, eine Diskussion sollte zunächst vermieden werden. Die Verständnisfragen und Resonanzen sollten jedoch genügend Raum bekommen, bevor sich das Team dem Verhandeln zuwendet. Es kann sein, dass das Teammitglied, dessen Rolle besprochen wird, nach dem Austausch eine Pause benötigt, bevor mit dem Verhandeln begonnen wird.

Verhandeln

Verhandelt werden die Antworten zu Frage 2), ergänzt um den mündlichen Austausch zur Frage nach einer möglichen Unterstützung.

Für jede gewünschte Veränderung gibt es grundsätzlich drei Möglichkeiten:

- Es besteht im Team Übereinstimmung, dass und wie die Tätigkeit oder das Verhalten in der Rolle verändert werden soll. Die Veränderung (mehr, weniger, anders, ...) wird auf einer Karte notiert und unter Vereinbarungen einsortiert. Wenn es passt,

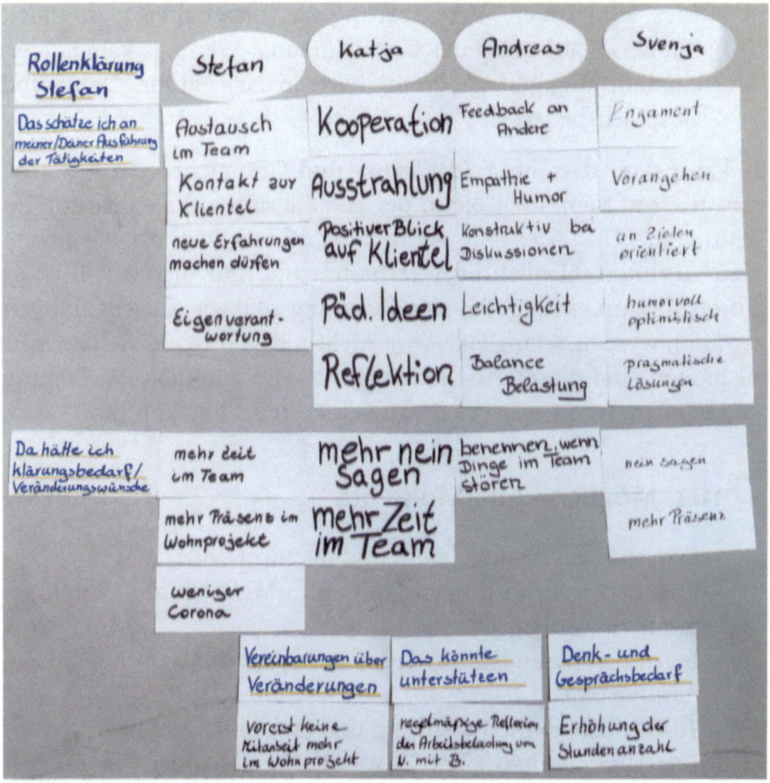

Abb. 41: Praxisbeispiel Rollenklärung

kann dahinter auf einer Karte formuliert werden, wie die Unterstützung für die vereinbarte Veränderung erfolgen soll.

- Es besteht noch Denk- oder Gesprächsbedarf. Gegenseitige Positionen (zum Beispiel, wenn noch Denk- und Gesprächsbedarf besteht, ob und wie die Veränderung der Rolle aussehen könnte) können ausgetauscht werden, und es kann überlegt werden, welche Unterstützung hilfreich sein könnte. Eine ausufernde Diskussion sollte vermieden werden. Zu bedenkende Aspekte werden auf Karten festgehalten und unter »Denk- und Gesprächsbedarf« einsortiert. Es wird festgehalten, wann diese Tätigkeit oder das Verhalten weiterverhandelt wird.
- Es wird deutlich, dass die Tätigkeit nicht mehr von diesem Teammitglied ausgeführt werden soll oder kann. Gemeinsam wird überlegt, wem im Team die Tätigkeit zugeordnet wird.

Dies wird unter »Vereinbarungen« festgehalten, verbunden mit der Überlegung der Unterstützung. Wenn es keine Übereinstimmung gibt, gehört die Karte in das Feld für »Denk- und Gesprächsbedarf«.

Es kann sein, dass im Feld »Denk- und Gesprächsbedarf« Karten einsortiert werden, über die in der gemeinsamen Rollenklärung im Team keine *Eine-Sicht* hergestellt werden kann, weil die Positionen dazu zu unterschiedlich oder verhärtet sind. Für diesen Fall ist es hilfreich, wenn es im Team eine Regelung gibt, wie Entscheidungen getroffen werden, wenn *Eine-Sicht* nicht möglich ist. In vielen Organisationen sind diese Entscheidungen an die Funktion der Leitung angebunden, wenn es im Team zu keiner Regelung kommt.

11.4 Mögliche Aha-Momente

- Erwartungen können latent und manifest sein.
- Enttäuschte Erwartungen können in Merk-ich-mir-Heften gesammelt werden.
- Berufliches Handeln im Team emergiert aus *Person, Funktion* und *Profession.*
- Teamrollen können wechseln und aufgeteilt werden.
- Das Übernehmen einer Teamrolle ist abhängig von Kontext und Präferenz.
- Ohne Opposition kann die Korrektur fehlen.
- Rollenklärung klärt zunächst Verhalten.
- Rollen verhandeln heißt Erwartungen besprechen und Vereinbarungen treffen.
- …

12 Sinn/Bedeutung/Inspiration

> Welches ist die Quelle unseres Handelns?
>
> Wie bedeutsam sind unsere Tätigkeiten?
>
> Was inspiriert uns?

Der innere Faktor *Sinn/Bedeutung/Inspiration* verstärkt in einer inhaltlichen Verbindung den äußeren Faktor *Vision/Ziele/Aufgaben* und wirkt gleichzeitig grundlegend auf die anderen beiden inneren Faktoren.

Sinn

Sinn drückt für uns aus, was das Menschsein auf einer inneren transzendenten Ebene erfüllt. Er schafft eine tiefe und spirituelle Verbundenheit des Individuums mit etwas, das über unsere immanent erfassbare Welt hinausgeht. Sinn hat eine tiefere Qualität als ein Ziel oder ein Zweck. Nathalie Knapp (2013, S. 224) verdeutlicht dies:

> »Ein Leben muss also keinen Zweck verfolgen, um sich ›sinn-voll‹ anzufühlen, aber es muss in eine bestimmte Richtung unterwegs sein. Ob wir die richtige Richtung einschlagen, lässt sich an einfachen Zeichen ablesen: ›Sinn-voll‹ ist, was uns wirklich berührt.«

Wir erleben, dass die Frage nach dem Sinn im Arbeitskontext eine starke Kraft für ein Team entwickeln kann. Ob ein Team seine Arbeit als sinnvoll, sinnentleert oder sinnlos erlebt, hängt unserer Erfahrung nach davon ab, ob der Sinn als die tiefere Quelle des Handelns in der Arbeit wahrgenommen werden kann. Im Idealfall gehen der individuelle Sinn der einzelnen Teammitglieder und der Sinn des Teams sowie gegebenenfalls der Organisation Hand in Hand.

Bei dem äußeren Faktor *Vision/Ziele/Aufgaben* haben wir bereits das Beispiel genannt, in dem Pflegekräfte ihre Arbeit nicht mehr als sinnvoll erlebt haben, da sie die Vision einer ganzheitlichen, am Menschen orientierten Pflege nicht mehr gesehen haben. Ein positives Beispiel für sinngebende Pflegeunternehmen beschreibt Frederic Laloux hingegen anhand des niederländischen Unternehmen Buurtzorg (2015). Kern des Erfolges von Buurtzorg ist, dass der Gründer Jos de Blok den Sinn der Pflege wieder in den Mittelpunkt gerückt hat. Alten und kranken Menschen ein selbstständiges und sinnvolles Leben zu ermöglichen ist der Sinn, auf den die Organisation ausgerichtet ist. Dementsprechend erfolgt der Aufbau mit selbstverantwortlichen Teams aus höchstens zwölf Teammitgliedern und Strukturen, die die Teammitglieder beim Erreichen ihrer *Sinn- und Zielorientierung* unterstützen. Dadurch, dass der Sinn im Mittelpunkt steht, wird die Kooperation gefördert, und Konkurrenz verliert an Bedeutung. Konkurrenz unter Teammitgliedern oder innerhalb der Organisation kann ein mögliches Zeichen für das fehlende Erleben des tieferen Sinnes sein. Die Verständigung auf einen gemeinsamen Sinn schafft Verbundenheit (ebd., S. 195):

> »Wenn eine Organisation wirklich für ihren Sinn lebt, dann gibt es keine Konkurrenz. Jeder, der dabei helfen kann, diesen Sinn in größerem Ausmaß oder schneller zu verwirklichen, ist ein Freund oder Verbündeter und kein Konkurrent.«

Bedeutung

Bedeutung wird im Alltagsgebrauch als Synonym zu Sinn verwandt, jedoch meist ohne die tiefere Aufladung.

Ob etwas Bedeutung hat, hängt stärker vom Kontext und der Perspektive ab als bei der Frage nach dem Sinn. Etwas kann sinnvoll sein, jedoch keine Bedeutung haben. Dass die Pflege von Menschen sinnvoll ist, wird kaum jemand infrage stellen. Über die Einschätzung der Bedeutung der Pflege in unserer Gesellschaft gibt es je nach Perspektive geteilte Meinungen. Ebenso kann es Tätigkeiten geben, die von den Durchführenden als sinnlos wahrgenommen werden, jedoch für die Organisation eine hohe Bedeutung haben, wie zum Beispiel die detaillierte Dokumentation einzelner Pflegetätigkeiten.

Ein tiefer Sinn und eine hohe Bedeutung der durchzuführenden Tätigkeiten kann in der gemeinsamen Ausrichtung die *Eine-Sicht* in einem Team stärken. Die Chance ist groß, dass dieses Team seine Arbeit als inspirierend erlebt und zugleich andere inspiriert.

Inspiration

Inspiration ist der Ausgangspunkt künstlerischer Kreativität und Quelle intrinsischer Handlungen. Wenn wir inspiriert sind, werden wir auf einer tieferen emotionalen Ebene angesprochen. Wir werden emotional angeregt, aus einer inneren Energie heraus zu denken und oder zu handeln.

Die Quelle der Inspiration lässt sich schwer beschreiben. Sie verweist ähnlich wie beim Sinn auf etwas rational nicht greifbares Transzendentes. Das lateinische Wort *spirare* findet sich wieder im lateinischen *spiritus*. Es wird mit »Geist« oder »Hauch« übersetzt. Daraus lässt sich der Schöpfungsgeist der Bibel oder auch der Heilige Geist herleiten. Womit wir bei dem Begriff der Spiritualität wären, der nicht nur in der Managementliteratur eine Renaissance erfährt. Lance Secretan schreibt in seinem Buch *Inspirieren statt motivieren!* (2006. S. 253):

> »Ein Traumteam zu finden, das unsere spirituellen Hoffnungen erfüllt, ist für die Seele lebenswichtig und für unsere Inspiration wesentlich. Ohne ein solches Team bleiben wir spirituell heimatlos, und unter dieser Entfremdung leidet die Seele genauso, wie sie leidet, wenn wir unsere Berufung nicht erkennen und leben können« (Secretan, 2006, S. 253).

In der Teamentwicklung versuchen wir bei dem Faktor *Sinn/Bedeutung/Inspiration* den Rahmen so zu gestalten, dass Inspiration möglich ist und Teammitglieder Sinn und Bedeutung aktiv erleben können.

Hierfür beschreiben wir im Folgenden:

- Das *Inspirations-Visions-Mosaik* ermöglicht im Wahrnehmen der individuellen Inspirationen und Visionen einen Austausch über den Sinn der gemeinsamen Tätigkeit.
- Die *Inspirierende Erkundung*, in der Teammitglieder sich im gemeinsamen Gespräch über Sinn und Bedeutung ihres Tuns austauschen.
- *Momente der Stille* als intensive Unterstützung für das Wahrnehmen von Sinn, Bedeutung und Inspiration.

Das *aha3-Teamhaus*, welches wir in Abschnitt 13.2. vorstellen, kann auch für die Arbeit an diesem Faktor verwendet werden.

12.1 Inspirations-Visions-Mosaik

Mit dem *Inspirations-Visions-Mosaik* kann eine gemeinsame Teamvision entstehen. In der Zusammenführung der je persönlichen Inspiration und Vision wird ein Austausch über den Sinn der beruflichen Tätigkeit ermöglicht. Durch die Arbeit mit Bildern wird die rechte Gehirnhälfte mit ihrem einsichtsvollen Denken stärker angesprochen, wodurch ein kreativer und inspirierter Schaffensprozess möglich ist.

Zunächst legen wir im Raum außerhalb des Stuhlkreises eine größere Auswahl an Bildern aus. In die Mitte des Stuhlkreises platzieren wir eine Karte mit dem Teamnamen.

Wir laden die Teammitglieder ein, ohne miteinander zu reden, sich in Ruhe zwei Bilder auszuwählen:

- Das eine Bild steht für das, was sie inspirierte, in ihrem Arbeitsbereich tätig zu werden.
- Das andere Bild steht für die persönliche Teamvision.

Den anschließenden Austausch im Team gestalten wir in der Form, dass ein Teammitglied beginnt und seine beiden Bilder zur Verfügung stellt. Dabei verrät es nicht, welches Bild wofür steht.

Wir laden die anderen Teammitglieder ein zu beschreiben, was sie auf den beiden Bildern sehen und was sie glauben, welches Bild wofür steht. Das Teammitglied, das die Bilder ausgewählt hat, hört erst mal nur zu. Hierbei geht es nicht um eine tatsächliche Zuordnung der Bilder, sondern vielmehr um Hypothesen, die die Teammitglieder mit den Bildern verbinden, um dem jeweiligen Teammitglied eine erweiterte Sicht auf die eigenen Bilder zu ermöglichen.

Wenn die Teammitglieder ihre Hypothesen benannt haben, hat das zuhörende Teammitglied die Gelegenheit, sich zu seinen Bildern und seiner Resonanz auf die Hypothesen zu äußern.

Die übrigen Teammitglieder stellen in derselben Weise ihre Bilder vor.

In einem zweiten Schritt laden wir die Teammitglieder ein, ihre Bilder so in den Stuhlkreis zu legen, dass sie um die Karte mit dem Teamnamen herum verteilt sind. So entsteht ein erstes *Inspirations-Visions-Mosaik*, welches vom Team nun als Ganzem wahrgenommen werden kann. Wir schließen einen Austausch darüber an, was die Teammitglieder im Fokus auf ihr Team sehen und welche Bedeutung sie dem geben.

Im dritten Schritt laden wir die Teammitglieder ein, ihre Augen zu schließen und das gesehene *Inspirations-Visions-Mosaik* und den Austausch darüber innerlich in einem Moment der Stille nachwirken zu lassen. Nach der Stille bitten wir darum, weiterhin mit geschlossenen Augen in sich hineinzuspüren und wahrzunehmen, welches Wort im Blick auf das *Inspirations-Visions-Mosaik* in ihnen auftaucht.

Die Teamglieder schreiben ihr jeweiliges Wort auf je eine Karte und platzieren sie innerhalb des *Inspirations-Visions-Mosaiks.* Idealerweise hat jedes Teammitglied eine eigene Stiftfarbe, die bereits bei der *Teamgeschichte zum Teamkontext* verwendet wurde.

Das so entstandene *Inspirations-Visions-Mosaik* (siehe beispielhaft Abb. 42) kann als gemeinsame Teamvision Quelle weiterer Teamentwicklungsschritte sein.

Abb. 42: Inspirations-Visions-Mosaik

12.2 Inspirierende Erkundung

Mit der *Inspirierenden Erkundung* können Teams auf eine anregende Weise über Sinn und Bedeutung ihrer Tätigkeit miteinander ins Gespräch kommen.

Grundlage der *Inspirierenden Erkundung* ist das wertschätzende Interview (Appreciative Inquiry), welches wir mit der Methode »Walk and Talk« verbunden haben.

Die Teammitglieder machen hierfür jeweils zu zweit einen Spaziergang in der Natur, befragen sich dabei gegenseitig mithilfe des Arbeitsblattes *Inspirierende Erkundung* und bringen als Ergebnis ein Symbol mit, das für die sinnvolle und bedeutsame Tätigkeit des Teams steht (siehe Abb. 43). Wir haben die Erfahrung gemacht, dass es häufig zu einem intensiven Austausch kommt, sodass wir je nach Zeitrahmen 45 bis 60 Minuten für diesen Spaziergang einplanen.

Inspirierende Erkundung

Warum arbeiten wir hier? Was inspiriert, uns und welches ist die Quelle unseres Handelns?

Macht euch zu zweit auf den Weg, und befragt euch gegenseitig zu folgenden Fragen.

Achtet bei eurem Austausch auf den positiven Fokus.

- Was war dein Impuls/deine Motivation/dein Vorbild, dass du in deinem Beruf/deinen Berufen (im Sinne von Berufung) tätig geworden bist?
- Warum engagierst du dich heute in deinem Beruf?
- Welche positive Bedeutung hat dein Beruf für dich, dein Team, deine Klientel und für die Gesellschaft?
- Wo hast du mit deinem Team Erfahrungen gemacht, die dich zutiefst froh und zufrieden gemacht haben?
- Wo empfindest du die Tätigkeit deines Teams als sinnvoll und bedeutsam?

➢ Findet ein Symbol, das für die sinnvolle und bedeutsame Tätigkeit eures Teams steht, und bringt es mit ins Team.

Tauscht Euch abschließend aus:

- Wie ging es uns mit der gegenseitigen Befragung?
- Wie ist es uns gelungen, den Fokus auf die positiven Antworten auszurichten?
- Welche Anregungen haben wir für unser Team bekommen?

Abb. 43: AB Inspirierende Erkundung

Wenn alle Teammitglieder zurückgekehrt sind, laden wir zu einem Austausch über die *Inspirierende Erkundung* ein. Hierfür bitten wir zunächst darum, die Symbole in Stille nacheinander in die Mitte des Stuhlkreises zu legen (siehe beispielhaft Abb. 44).

Abb. 44: Inspirierende Erkundung – Symbole

Danach bitten wir um eine erste Runde, in der jedes Teammitglied mit nur einem Satz äußert, was gerade besonders präsent ist. Die Begrenzung auf zunächst nur einen Satz soll die bildhafte Wahrnehmung der Symbole auf einer tieferen Ebene stärken und das Zerreden verhindern.

Danach ist Raum für den ausführlichen Austausch über die *Inspirierende Erkundung*. Dabei ist für uns das gegenseitige Berichten und Zuhören wichtiger als eine ausgiebige Diskussion.

12.3 Momente der Stille

Für die Erfahrung von Sinn, Bedeutung und Inspiration sind für uns *Momente der Stille* eine intensive Unterstützung.

Stille lässt sich erfahren als inspirierend, kraftvoll, verbindend, irritierend, peinlich oder auch bedrohlich. Letzteres geschieht vor allem, wenn wir eine Stille durch Schweigen erleben, dem wir unfreiwillig ausgesetzt werden und bei dem nicht klar ist, wieso unser Gegenüber schweigt.

Stille erleben wir dann als positive Kraft und *Moment der Stille*, wenn wir uns sicher fühlen, der Rahmen klar ist, wir uns freiwillig hineinbegeben und eine wohlwollende Atmosphäre vorhanden ist. Dies gelingt unserer Erfahrung nach insbesondere dann, wenn *Momente der Stille* durch eine *A3-Führung* begleitet werden. Dann kann Stille eine neue Dimension des Begreifens eröffnen, indem das oft verlernte kindliche Staunen ermöglicht wird. Wir haben die Erfahrung gemacht, dass im Nichtstun in der Stille Hand, Kopf und Herz zur Ruhe kommen können und sich neu fokussieren. Es ist vor allem die Stille, in der schöpferisches Fließen erlebbar wird, wenn Otto Scharmer in der »Theorie U« beim Presencing von der Öffnung des Willens spricht, in der essenzielles Sein erlebt wird (vgl. 2009).

Wenn wir in der Teamentwicklung zu *Momenten der Stille* einladen, geht es um ein Innehalten von Hand, Kopf und Herz. Außer zum Schweigen laden wir stets dazu ein, die Augen zu schließen und mit beiden Füßen auf dem Boden verwurzelt zu ruhen, sei es im Sitzen oder im Stehen. Wir erleben in Teams, dass es ein gewisses Maß an Vertrauen braucht, um sich auf die Stille einzulassen. Vor allem das Schließen der Augen kann für einige Menschen eine Herausforderung sein. Insofern formulieren wir die *Momente der Stille* immer als Einladung. Dabei benennen wir mögliche Unsicherheiten und versuchen, sie (humorvoll) aufzugreifen, ohne einzelne zu beschämen.

Mit diesem Verständnis sehen wir beispielhaft folgende Möglichkeiten für *Momente der Stille* (siehe Abb. 45).

Möglichkeiten für Momente der Stille

- Eine Minute der Stille bei Ein- und Ausstiegsrunden in Besprechungen – Teammitglieder können wahrnehmen, wie es ihnen geht, was ihnen für die Besprechung wichtig ist und welche Themen sie fokussieren wollen.
- Überprüfung der Sinn- und Zielorientierung mit einer Minute des Innehaltens – wenn die Sinn- und Zielorientierung nicht präsent ist, hilft das Innehalten dafür wahrzunehmen, wo das Team gerade steht und welche Orientierung es braucht.
- Ein Moment des Innehaltens in herausfordernden Situationen – Stille kann hier als Entlastung wirken. Voraussetzung ist eine klare, unterstützende Rahmung, da sonst die Stille als Bedrohung wahrgenommen werden könnte.
- Moment der Stille als Führungsinstrument – das interessierte, schweigende Warten auf Lösungsvorschläge der Mitwirkenden in einer A3-Haltung kann nachhaltiger sein als jeder gut gemeinte Lösungsvorschlag.
- Innehalten für die eigene Orientierung – wenn Führung nicht mehr weiterweiß, kann es hilfreich sein, zu einer Minute des Innehaltens einzuladen, um sich in einer anschließenden Resonanzrunde gemeinsam zu orientieren.

Abb. 45: Momente der Stille

12.4 Mögliche Aha-Momente

- Ausrichtung auf Sinn schafft Verbundenheit und Kooperation.
- In der Stille entstehen Visionen.
- Sinn und Bedeutung lassen sich eher durch Wahrnehmung erfahren als durch Diskussion.
- Stille braucht Rahmung, Sicherheit und Vertrauen.
- Momente der Stille können zur Quelle des Handelns führen.
- …

13 Gesundheit/Sicherheit/Energie

> Wie achten wir auf unsere Gesundheit?
>
> Wie aufrichtig können wir sein?
>
> Wie ist unsere Energiebilanz?

Der Faktor *Gesundheit/Sicherheit/Energie* verweist für uns auf das Wohlempfinden der einzelnen Teammitglieder und die Atmosphäre im Team. Dabei geht es um subjektive Wahrnehmungen, die sich schwer objektivieren lassen. Hilfreich ist für uns eine Verknüpfung mit dem Modell *Niveaus der Handlungsfähigkeit*, da wir hier eine Korrelation zur Handlungsfähigkeit wahrnehmen. Je gesünder, sicherer und energievoller sich Menschen fühlen, als desto handlungsfähiger erleben sie sich. Das Einordnen in den unteren Stufen des Modells kann ein Hinweis darauf sein, diesem Faktor besondere Aufmerksamkeit zu geben.

Gesundheit

Die WHO definiert Gesundheit als einen »Zustand vollständigen körperlichen, geistigen und sozialen Wohlbefindens und nicht nur [als] die Abwesenheit von Krankheit und Gebrechen« (Lauterbach 2005, S. 26).

Darauf aufbauend, beschreibt Matthias Lauterbach vier Gesundheitsfelder mit ihren Wechselwirkungen (vgl. ebd., S. 87). Diese *Vier Dimensionen der Gesundheit* (siehe Abb. 46) haben wir aufgegriffen und auf den Teamkontext übertragen.

Die Verantwortung für die Gesundheit im Team verorten wir auf dreierlei Weise:

- individuell bei den einzelnen Teammitgliedern, die für sich persönlich ein Gesundheitscoaching nutzen können, das auf Konzepten der Salutogenese, der Resilienz, der Lebensbalancen oder anderen Instrumenten aufbaut (vgl. Lauterbach 2005)
- strukturell bei der Organisation, die durch ein betriebliches Gesundheitsmanagement Gesundheit als strategischen Faktor

Abb. 46: Vier Dimensionen der Gesundheit

sieht, gesundheitsbezogene Aktivitäten in betrieblichen Organisationen fördert und sich mit den Auswirkungen von Führung und Strukturen auf die Gesundheit auseinandersetzt (vgl. Wienemann 2005)

- gemeinschaftlich im Team mit dem Fokus auf dem Erhalt der Teamgesundheit und weniger mit der Thematisierung individueller Erkrankungen einzelner Teammitglieder.

Sicherheit

Sicherheit verstehen wir hier vor allem im Sinne der *psychologischen Sicherheit*. Eine angstfreie Organisation und Führung kann sich auf alle vier Dimensionen der Gesundheit positiv auswirken. Die Korrelation der *psychologischen Sicherheit* mit der Handlungsfähigkeit haben wir an anderer Stelle aufgezeigt.

Energie

Unter Energie verstehen wir im Kontext der Teamentwicklung die Kraft, die Teammitglieder für ihre Tätigkeit aufwenden müssen oder die sie durch ihre Tätigkeit erhalten. Dabei verwenden wir das Bild der Energietankstellen und Energieräuber, die die Energiereserven im Team beeinflussen. Der Umgang mit diesen Energiereserven wirkt sich auf die Gesundheit der Teammitglieder aus. Wenn die Energieakkus in einem Team aufgeladen sind und Teams ihre Arbeit als energetisierend wahrnehmen, erleben wir eine stärkere Immunisierung gegen Krankheitswellen. Bei einzelnen Teammitgliedern oder ganzen Teams kann sich eine negative Energiebilanz durch einen erhöhten Krankenstand zeigen.

Für den Faktor *Gesundheit/Sicherheit/Energie* beschreiben wir im Folgenden:

- Impulse, wie Gesundheit in den vier Dimensionen im Team erlebbar werden kann
- das *aha3-Teamhaus* zur Bearbeitung des Aspektes der Sicherheit; dieses Instrument lässt sich ebenfalls zur Bearbeitung der Faktoren *Visionen/Ziele/Aufgaben* sowie *Sinn/Bedeutung/Inspiration* nutzen
- das Instrument *Energiekreise* zur Wahrnehmung der Energiebilanz im Team.

13.1 Vier Dimensionen der Gesundheit

Die Gesundheit im Team ist für uns ein integraler Bestandteil jeder Teamentwicklung, den wir beständig im Blick haben und sowohl anlassbezogen als auch anlassunabhängig thematisieren.

Mit Fokus auf den *Vier Dimension der Gesundheit* bieten wir beispielhaft die folgenden Impulse an.

Körperliche Gesundheit

- Verlässliche Absprache und Einhalten von verabredeten Zeiten
- bewusste Pausen
- Raumgestaltung: Luft, Licht, Wärme, Sitz- und Stehgelegenheiten
- gemeinsam festgelegter Umgang mit und Maximum für Überstunden
- Überprüfung der Strukturen.

Psychische Gesundheit

- Ein- und Ausstiege bei Besprechungen
- Gestaltung von Momenten der *Selbstreflexion*
- transparenter Umgang mit konflikthaften Situationen
- Körperübungen zur emotionalen Selbstregulierung wie Atemübungen oder Klopfen nach PEP (Bohne 2010)

- Ermöglichung eines kollegialen Austauschs
- Supervision.

Soziale Gesundheit

- Interne Fortbildungen im Team, Aufgreifen der Teamthemen
- Gestaltung gemeinsamer Pausen
- Planung gemeinsamer Teamausflüge
- Teamfeiern.

Existenzielle Gesundheit

- Familiengerechte Arbeitszeiten
- Berücksichtigung unterschiedlicher Lebenswelten der Mitwirkenden durch Arbeitszeit- und Arbeitsplatzgestaltung (Homeoffice, Besprechungszeiten, ...)
- *Momente der Stille*, die ein Innehalten und eine Neuorientierung ermöglichen
- Arbeit am Faktor *Sinn/Bedeutung/Inspiration*
- Arbeit mit dem Instrument *aha3-Teamhaus.*

13.2 aha3-Teamhaus

Mit der imaginären Reise durch das *aha3-Teamhaus* haben wir eine Möglichkeit entwickelt, die *Sinn- und Zielorientierung* sowie die *psychologische Sicherheit* auf einer tieferen Ebene im Team zu reflektieren.[13]

Bei dem Durchwandern des *aha3-Teamhauses* werden alle Sinne (Sehen, Hören, Riechen, Schmecken, Fühlen) angesprochen und das kreative Denken in Bildern angeregt. Hierdurch kann vor allem die rechte Gehirnhälfte aktiviert werden, in der Neues entsteht. Der Weg durch die einzelnen Räume entspricht der Öffnung des Willens oder auch des Presencing im unteren Bogen des U-Feldes bei C. Otto Scharmer (vgl. 2009).

Da die Arbeit mit diesem Instrument eine aufdeckende Methode ist, in der Unterbewusstes bewusst werden kann, ist es wichtig, einen sicheren Rahmen durch die Moderation zu gestalten. Wir nutzen die

13 Inspiriert zu dieser Reise hat uns die »Theorie U« von C. Otto Scharmer sowie ähnliche Imaginationen, die wir bei Georg Müller-Christ in seinen Fortbildungen zur Aufstellungsleitung in Führungs-, Forschungs- und Weiterbildungskontexten erlebt haben.

Imagination nur, wenn sich im Team alle mindestens auf oder oberhalb der Stufe »Problem« im Modell *Niveaus der Handlungsfähigkeit* befinden.

Für die Durchführung laden wir die Teammitglieder ein, sich gemeinsam auf eine imaginäre Reise zu begeben, in der sie in ihrem Teamhaus die vier Räume erkunden.

Im Folgenden beschreiben wir beispielhaft eine geführte Anleitung, die sich je nach Kontext anpassen lässt.

Setzt euch bequem hin, und schließt, wenn ihr mögt, die Augen.

Nehmt eure Sitzhaltung und Atmung bewusst wahr. Wenn es bequemer ist, verändert eure Sitzhaltung noch einmal.

Nehmt vor eurem inneren Auge ein Haus wahr, welches das Haus eures Teams ist. Vielleicht taucht ein konkretes Haus auf, vielleicht seht ihr ein abstraktes Gebilde, vielleicht etwas in der Natur.

Ich lade euch ein, langsam auf das Haus zuzugehen. Wenn ihr das Haus erreicht habt, betretet ihr es durch den Eingang und steht nun in einem Flur, von dem vier Türen abgehen.

Nehmt wahr, wie der Eingang und der Hausflur aussehen, welche Form und welche Farben sie haben.

Wir werden gleich nacheinander durch die vier Türen die Räume betreten, die hinter diesen Türen liegen. Nach jedem Raum kommen wir wieder auf den Flur zurück.

Nun öffnen wir die erste Tür und betreten den Raum der Sicherheit, des Vertrauens und der Verbundenheit [Wechsel in der Ansprache: von »Ihr« zu »Du«].

Gehe in Ruhe hinein. Nimm wahr, wie er aussieht – wie er sich anfühlt.
Der Raum der Sicherheit, des Vertrauens und der Verbundenheit:

Wie groß wirkt er?
Welche Farben siehst du?
Was oder wer taucht im Raum auf?
Was taucht auf, wenn du noch weiter hineingehst oder in die Ecken schaust?
Wer oder was steht hinter dir, wenn du dich umdrehst?

Bevor wir diesen Raum wieder verlassen, nimm noch einmal den Raum als Ganzen wahr. Vielleicht taucht ein Wort oder ein Bild auf.

Dann gehen wir wieder zurück durch die Tür auf den Flur. Dort halten wir kurz inne. Was hast du gerade erlebt oder was auch nicht?

Durch die zweite Tür betreten wir den Raum der Unsicherheit, des Zweifels und der Unverbundenheit.

Nimm wieder wahr, wie er aussieht – wie er sich anfühlt.
Der Raum der Unsicherheit, des Zweifels und der Unverbundenheit:
Wie groß wirkt er?
Welche Farben siehst du?
Vielleicht gibt es hier einen bestimmten Geruch?
Was oder wer taucht im Raum auf?
Was taucht auf, wenn du noch weiter hineingehst oder in die Ecken schaust?
Wer oder was steht hinter dir, wenn du dich umdrehst?

Bevor wir diesen Raum wieder verlassen, nimm noch einmal den Raum als Ganzen wahr. Was für ein Wort oder Bild taucht hier auf?

Wir verlassen den Raum wieder und begeben uns auf den Flur. Wir atmen einmal tief durch, bevor wir den nächsten Raum betreten.

Durch die dritte Tür gehen wir in den Raum des Seins, ohne Erwartungen und Ansprüche. Hier dürfen wir einfach sein.

Nimm wieder wahr. Wie sieht der Raum aus – wie fühlt er sich an? Der Raum des Seins ohne Erwartungen und Ansprüche:

Wie groß wirkt er auf dich?
Welche Farben siehst du?
Vielleicht gibt es einen bestimmten Geschmack oder ein Gefühl?
Was oder wer taucht im Raum auf?
In dem Raum bemerkst du einen großen Spiegel und schaust hinein.
Was siehst du? Wen oder was siehst du im Spiegel hinter dir?
Nimm noch mal das auf, was dir hier wichtig ist. Dann verlassen wir den Raum des Seins wieder durch die Tür und kommen zurück auf den Flur.
Welches Bild oder welches Wort hast du aus dem Raum des Seins mitgenommen?

Nun gehen wir durch die letzte Tür und betreten den Raum der Sinn- und Zielorientierung.

Nimm wahr, wie der Raum aussieht. Der Raum der Sinn- und Zielorientierung:

Wie fühlt er sich an?
Wie groß ist der Raum?
Welche Materialien siehst du?
Vielleicht gibt es hier ein bestimmtes Geräusch?
Wer ist noch mit dir in diesem Raum?

Wo wird dein Blick hingezogen?
Was freut dich, was irritiert dich?

Nimm ein letztes Mal wahr, was dir in diesem Raum wichtig ist. Wir verlassen auch diesen Raum wieder durch die Tür und gehen zurück auf den Flur. Was hast du aus diesem letzten Raum der Sinn- und Zielorientierung mitgenommen?

Wir blicken uns in dem Flur noch einmal um und verabschieden uns von den vier Räumen. Dann gehen wir über den Flur zurück zur Eingangstür und verlassen das Teamhaus. Nach ein paar Metern drehen wir uns noch einmal um und betrachten unser Teamhaus von außen. Hat sich etwas verändert, oder sehen wir etwas anders als zu Beginn?

Nimm nun deinen Atem wahr. Atme dreimal tief durch. Dann öffne die Augen, und komme hier wieder im Raum an. Vielleicht tut es gut, sich zu recken und zu strecken oder einmal aufzustehen und sich etwas durchzuschütteln.

Bereits vor der Durchführung vom *aha3-Teamhaus* haben wir unter jeden Stuhl fünf Karten und einen Stift gelegt. Wir bitten die Teammitglieder nun, Bilder und Wörter auf den Karten zu notieren von den Dingen, die in den Räumen aufgetaucht sind. Für jeden Raum ist eine Karte vorgesehen. Die fünfte Karte ist eine Jokerkarte, auf der notiert werden kann, was im Flur, auf dem Weg ins Haus oder sonst während der Reise aufgetaucht ist.

Für den anschließenden Austausch legen wir die Überschriften für die vier Räume in die Mitte des Stuhlkreises (siehe Abb. 47). Wir laden die Teammitglieder ein, ihre Karten nacheinander für jeden Raum entsprechend dort abzulegen und dabei ihre Erfahrungen in dem jeweiligen Raum miteinander zu teilen.

In der abschließenden fünften Austauschrunde können die Teammitglieder ihre Jokerkarten dort ablegen, wo es für sie am besten passt.

Bei der Imagination variieren wir die Anleitung je nach Team, Kontext und aktueller Situation.

Für den Austausch erleben wir es als hilfreich, darauf hinzuweisen, dass die Erfahrungen in der Übung sehr unterschiedlich sein können und dass es bei den Wahrnehmungen nicht um Wahrheit geht, sondern um das individuelle Erleben der einzelnen Teammitglieder.

Während die Imagination selbst zehn bis 20 Minuten benötigt, zuzüglich der zwei- bis fünfminütigen Dokumentation auf den Karten, kann der Austausch je nach Intensität, Situation und Größe des Teams 30 bis 120 Minuten beanspruchen.

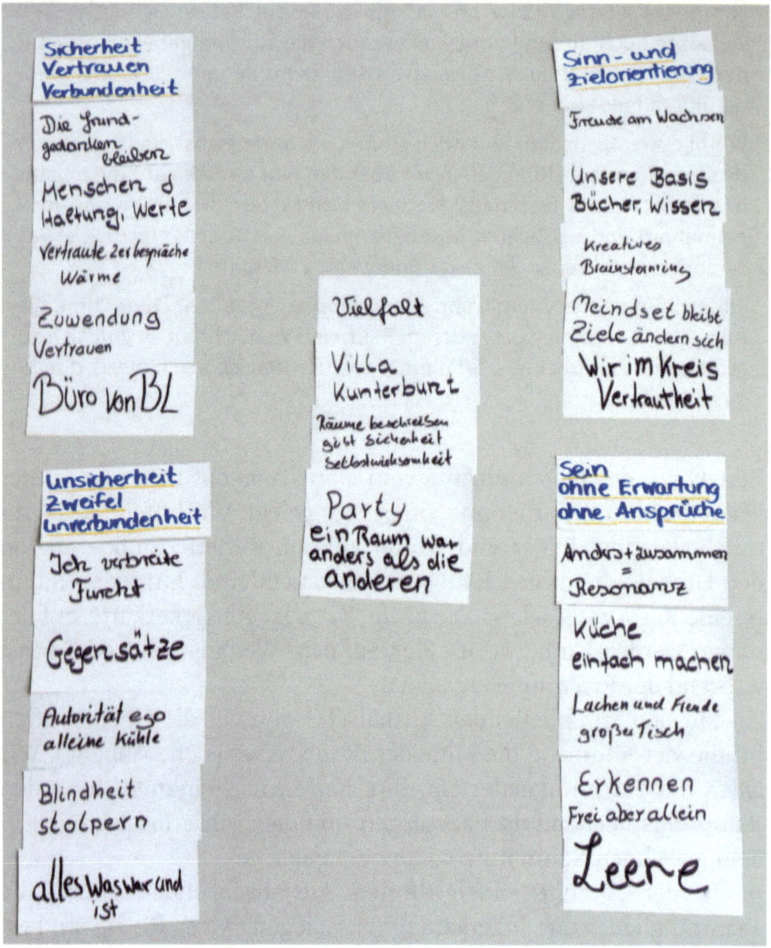

Abb. 47: aha3-Teamhaus

Inwieweit die Übung für sich abgeschlossen ist oder ob Themen auftauchen, die zu einem anderen Zeitpunkt weiterbearbeitet werden, thematisieren wir am Abschluss in einer gemeinsamen Reflexionsrunde.

13.3 Energiekreise

Mithilfe der *Energiekreise* lässt sich eine Energiebilanz für ein Team erstellen.[14]

Nach einer Einführung laden wir die Teammitglieder ein, für sich jeweils zwei Energiekreise zu erstellen. Hierfür verwenden wir das Arbeitsblatt *Energiekreise – Erhebung* (siehe Abb. 48).

Energiekreise – Erhebung

Ziel dieser Übung ist es, die Energiebilanz im Team wahrzunehmen, um auf der einen Seite Energieräuber zu vermeiden und auf der anderen Seite Tankstellen auszubauen bzw. neue hinzuzufügen.

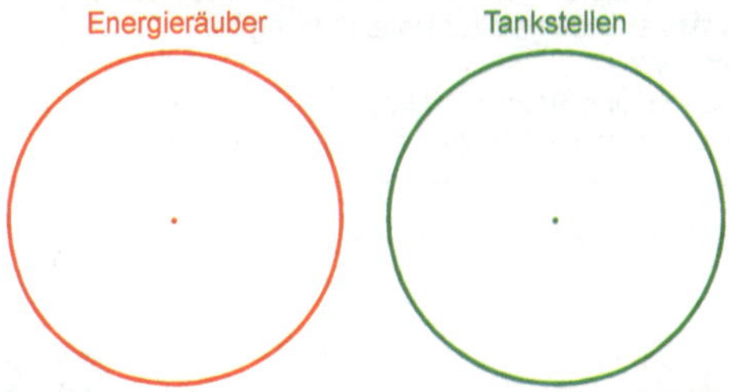

1. Nehmt zwei Blätter Papier, und malt auf das eine einen roten und auf das andere einen grünen großen Kreis. Der eine Kreis visualisiert die Energieräuber (rot) und der andere die Tankstellen (grün).
2. Überlegt, welche Tätigkeiten in eurem Team wie viel Energie beanspruchen, und zeichnet sie wie Tortenstücke in den Energieräuberkreis ein.
3. Überlegt, bei welchen Tätigkeiten ihr in eurem Team Energie erhaltet, und zeichnet sie wie Tortenstücke im Tankstellenkreis ein.

Abb. 48: AB Energiekreise – Erhebung

Je nach Größe des Teams lassen sich der Austausch und die Reflexion mittels des Arbeitsblattes *Energiekreise – Austausch* (siehe Abb. 9) mit allen gemeinsam oder in Teilgruppen durchführen.

Der Austausch kann auf die anderen Faktoren des *aha3-Teammodells* verweisen und so möglichen Handlungsbedarf für die Teamentwicklung aufzeigen.

Abbildung 50 zeigt beispielhaft die beiden Energiekreise für ein Team aus dem Pflegebereich.

14 Wir haben den Impuls für dieses Instrument von Claudia Fiedler und Ilse Goldschmid übernommen und weiterentwickelt (vgl. 2010, S. 23–37).

Energiekreise – Austausch

1. Tauscht euch im Team über eure Energiekreise aus:
   - Welches Verhalten im Team unterstützt die Energieräuber/Tankstellen?
   - Welche Strukturen im Team unterstützen die Energieräuber/Tankstellen?
   - Welche Aufgaben und Ziele unterstützen die Energieräuber/ Tankstellen?
2. Identifiziert und unterscheidet, was zu ändern ist und was nicht veränderbar ist. »Gib mir Mut Dinge zu verändern, die veränderbar sind. Gib mir Gelassenheit, Dinge hinzunehmen, die nicht veränderbar sind, und schenke mir die Weisheit, das eine von dem anderen zu unterscheiden.«
3. Entscheidet euch im Blick auf das Veränderbare für einen Punkt (Tätigkeit, Struktur, Verhalten), den ihr als Team verändern möchtet, und formuliert dazu ein Ziel.
4. Im Blick auf das Ziel:
   - Welches ist der erste Schritt – und wenn er noch so klein ist?
   - Wen oder was benötigen wir zur Unterstützung?
   - Wann gehen wir los?
   - Wie belohnen wir uns für Fortschritte?
   - Woran werden wir merken, dass wir unser Ziel erreicht haben?

Abb. 49: AB Energiekreise – Austausch

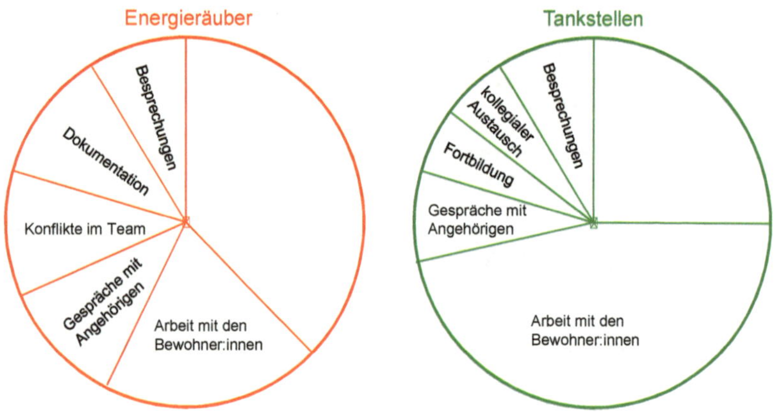

Abb. 50: Beispiel Energiekreise

Dieses Team hat insgesamt eine positive Energiebilanz, da die Tankstellen mehr Energie geben als die Energieräuber nehmen. Deutlich wird, dass Tätigkeiten wie zum Beispiel Besprechungen zugleich Energie geben und rauben können.

13.4 Mögliche Aha-Momente

- Die Atmosphäre im Team wirkt sich auf die Handlungsfähigkeit aus.
- Eine imaginäre Reise braucht grüne Handlungsfähigkeit.
- Im Team geht es um Wahrnehmung, nicht um Wahrheit.
- Energie im Team lässt sich bilanzieren.
- Tätigkeiten können Energieräuber und Tankstelle zugleich sein.
- ...

14 Wertschätzung/Motivation/Ausgleich

> Wer schätzt uns wie wert?
>
> Was motiviert uns?
>
> Wer bringt wie viel ein?

Mit dem Faktor *Wertschätzung/Motivation/Ausgleich* richten wir den Fokus auf die Impulse, die dazu führen, dass Menschen sich in einer bestimmten Art und Weise verhalten. Die Impulse können intrinsisch, also aus uns selbst heraus, oder extrinsisch, also von außen her, erfolgen.

Darüber hinaus sind Wertschätzung und Ausgleich in Organisationen grundlegende Rechte, die laut Georg Müller-Christ und Denis Pijetlovic zu den Gesetzen sozialer Systeme gehören. Zusammen mit dem Recht auf Zugehörigkeit sind es für sie »die grundlegenden Kräfte, die die Wirkungskraft und -richtung von Beiträgen für das System steuern« (vgl. 2018, S. 87).

Wertschätzung

Unter Wertschätzung verstehen wir die Wahrnehmung von uns selbst und unserem Gegenüber. Wir können uns selbst Wertschätzung geben, wir können andere wertschätzen oder bekommen Wertschätzung von anderen zugesprochen. Wertschätzung betrifft den Menschen in seinem ganzheitlichen Wesen. Im Rückgriff auf die *Triade beruflichen Handelns* kann Wertschätzung erfolgen in Bezug auf:

- die Einschätzung unserer fachlichen Tätigkeiten (vor allem *Funktions- und Professionslogik*)
- die Anerkennung unserer Interaktion auf der Beziehungsebene (vor allem *Personenlogik*)
- die Achtung unseres Seins mit unseren Werten und Bedürfnissen (vor allem *Personen- und Professionslogik*).

In Teams wird mangelnde Wertschätzung häufig thematisiert, wenn sich das Team oder Teile des Teams im gelbroten Bereich der *Niveaus der Handlungsfähigkeit* befinden. Teammitglieder im grünen Bereich benennen bei der Erhebung wichtiger Themen eher selten den Wunsch nach mehr Wertschätzung.

In Situationen, in denen Wertschätzung als wichtiges Thema benannt wird, haben wir folgende Erfahrungen gemacht:

- Wenn Teammitglieder sich Wertschätzung in einer *Personenlogik* wünschen und sie in einer *Funktionslogik* erhalten oder andersherum, kann es zu einer Nichtwahrnehmung der Wertschätzung kommen.
- Je nachdem, wie Teammitglieder oder das ganze Team andere als Autorität autorisieren, wirkt sich dies darauf aus, wie die Wertschätzung angenommen wird – »Wen schätze ich so wert, dass ich mich wertschätzen lasse?«
- Geringe (Selbst-)Wertschätzung im Team kann die Handlungsfähigkeit sowie das Vertrauen in sich selbst und andere vermindern.
- Wenn Teammitglieder sich ihres eigenen Wertes sicher sind, können sie auch andere leichter wertschätzen.

Motivation

Motivation bezeichnet für uns die äußeren Einflüsse und inneren Motive, die Teammitglieder und Teams anregen, sich in einer bestimmten Weise zu verhalten. Dabei unterscheiden wir zwischen der intrinsischen und der extrinsischen Motivation.

Bei der intrinsischen Motivation handeln wir aus uns selbst heraus. Sie bezeichnen wir eher mit *Inspiration.* Sie ist für uns zusammen mit *Sinn* und *Bedeutung* ein gesonderter Teamfaktor.

Bei der extrinsischen Motivation werden wir zum Handeln durch äußere Einflüsse angeregt.

Hier stellt sich die Frage nach dem Belohnungs- oder auch Verstärkersystem. Welche Verstärker im System sorgen dafür, dass Mitarbeitende eine Tätigkeit ausüben, ein Ziel erreichen oder sich entsprechend verhalten? Ein Führen durch Motivation mit Belohnungen oder Sanktionen für gewünschtes oder unerwünschtes Verhalten erleben wir eher in Teams mit einer *A1-Kultur.* Ein Belohnungs- oder Verstärkersystem kann Wirkungen erreichen, führt aber nicht unbedingt zu Entwicklungen mit *Momenten der Einsicht* im Sinne *Systemischer Autorität.*

Der Einfluss von *A2* kann dafür sorgen, dass im Team von Sanktionen abgesehen wird und höchstens Belohnungen zur Verstärkung eingesetzt werden. Auch hier ist es fraglich, ob so *Momente der Einsicht* entstehen.

In einer *A3-Kultur* gehen wir eher von einer Führung aus, die bei Mitwirkenden die intrinsische Motivation anspricht und die inspiriert statt motiviert. Es könnte jedoch sein, dass Mitarbeitende in einer Situation sind, bei der zunächst eine Befriedigung der Grundbedürfnisse über extrinsische Motivation notwendig ist, bevor sie offen sind für intrinsische Motivation. Insofern schließen wir für eine *Führung mit Systemischer Autorität* eine extrinsische Motivation nicht grundsätzlich aus, laden aber in der Teamentwicklung zur *Selbstreflexion* ein, inwieweit sie bewusst eingesetzt werden soll und mit welchen Folgen.

Ausgleich

Mit Ausgleich beschreiben wir das Verhältnis von Geben und Nehmen der Beiträge im Team. Unsere Erfahrungen haben gezeigt, dass Teammitglieder bewusst oder unbewusst Konten führen, in denen sie aufzeichnen, wer im Team wie viel einbringt. Analog wird dies in den *Energiekreisen* deutlich, wenn in Bezug auf einzelne Teammitglieder bilanziert wird, wer wie viel Energie einbringt und entnimmt. Hierbei handelt es sich um eine subjektive Wertschätzung, die von den Teammitgliedern unterschiedlich empfunden werden kann.

Wenn die Konten der gegenseitigen Wertschätzung nicht im Ausgleich sind, kann sich dies auf die Motivation der Teammitglieder entsprechend auswirken. Zufriedenheit kann dabei eine Währung sein, mit der sich der Stand der Konten messen lässt. Wenn sich alle Teammitglieder in ihrem Sein, im Miteinander des Teams und in ihrer Arbeit mit der Klientel zufrieden erleben, befindet sich das Verhältnis von Geben und Nehmen im Team unserer Erfahrung nach in einem guten Ausgleich.

Für den Faktor *Wertschätzung/Motivation/Ausgleich* nutzen wir die folgenden Instrumente:

- *Wertschätzung durch Zuhören* ermöglicht eine *Selbstreflexion* zur Wertschätzung, in Verbindung mit einer Übung zum aktiven Zuhören.
- Das *Dreieck intrinsische Motivation* ermöglicht eine Reflexion des Belohnungssystems.
- Die *Aufstellungen zur Zufriedenheit* ermöglichen einen Austausch über den Ausgleich im Team.

14.1 Wertschätzung durch Zuhören

Die Selbstreflexion zur Wertschätzung erfolgt mithilfe des Arbeitsblattes *Reflexion zur Wertschätzung* (siehe Abb. 51).

Reflexion zur Wertschätzung

- Wofür arbeiten wir als Team, wodurch fühlen wir uns wertgeschätzt? (Lob, Anerkennung, Geld, Macht, Sinn, ...)
- Von wem bekommen wir Wertschätzung für unsere Arbeit?
- Von wem wünschen wir uns mehr Wertschätzung für unsere Arbeit?
- In welcher Form wünschen wir uns Wertschätzung? Wann können wir was wie gut hören?
- Wen schätzen wir so wert, dass wir uns wertschätzen lassen? Was schätzen wir an der Person?

Abb. 51: AB Reflexion zur Wertschätzung

Zunächst werden die Fragen in Einzelarbeit beantwortet. Entweder verteilen wir hierfür das Arbeitsblatt oder lesen die Fragen nacheinander vor und geben den Teammitgliedern dann jeweils Zeit, ihre Antworten aufzuschreiben.

Anschließend laden wir die Teammitglieder ein, zu zweit zusammenzukommen, um sich mithilfe des *aktiven Zuhörens* über ihre Antworten auszutauschen. Diese Methode kann mit dem Arbeitsblatt *aktives Zuhören* (siehe Abb. 52) vorgestellt werden.

Aktives Zuhören

- Person A hat zwei Minuten Zeit, um zu erzählen, welche Antworten/Fragen/Impulse die Einzelreflexion bei ihr ausgelöst hat.
  Person B hört nur zu (macht sich ggf. Notizen), stellt keine Fragen.
  Wenn Person A nichts (mehr) zu sagen hat, ist Zeit zum Schweigen, bis die zwei Minuten um sind.
- Person B hat zwei Minuten Zeit, um Person A zurückzumelden, was sie gehört und wahrgenommen hat, ohne zu bewerten.
  Person A hört nur zu und stellt keine Fragen.
  Wenn Person B nichts (mehr) zu sagen hat, ist Zeit zum Schweigen, bis die zwei Minuten um sind.
- Anschließend wechseln Person A und B die Rollen.
- Tauscht euch am Ende aus, wie Ihr beide die Übung erlebt habt und was Ihr im Team mitteilen möchtet.
  Haltet dies stichwortartig auf Karten fest.

Abb. 52: AB Aktives Zuhören

Abschließend erfolgt mithilfe der Karten der Austausch im Team.

Für uns ist *aktives Zuhören* eines der stärksten Instrumente, mit dem sich Wertschätzung geben lässt. Sie wird durch die uneingeschränkte Aufmerksamkeit des Gegenübers vermittelt, wie uns aus dieser Übung und aus der praktischen Umsetzung im Teamalltag bestätigt wird. Dabei scheint es von Bedeutung zu sein, mit welcher Haltung und welchem Grad der Präsenz wir zuhören. Je höher die Präsenz beim Zuhören aus *A3* heraus geschieht, desto stärker scheinen Erzählende sich wertgeschätzt zu fühlen.

14.2 Dreieck extrinsische Motivation

Das *Dreieck extrinsische Motivation* besteht aus den drei Begriffen Geld, Macht und Liebe.[15] In diesem Dreieck können einzelne und Teams wahrnehmen, wodurch sie sich extrinsisch motivieren lassen.

Dafür legen wir auf dem Boden drei Karten mit den Begriffen »Geld«, »Macht« und »Liebe« als Dreieck aus (siehe Abb. 53).

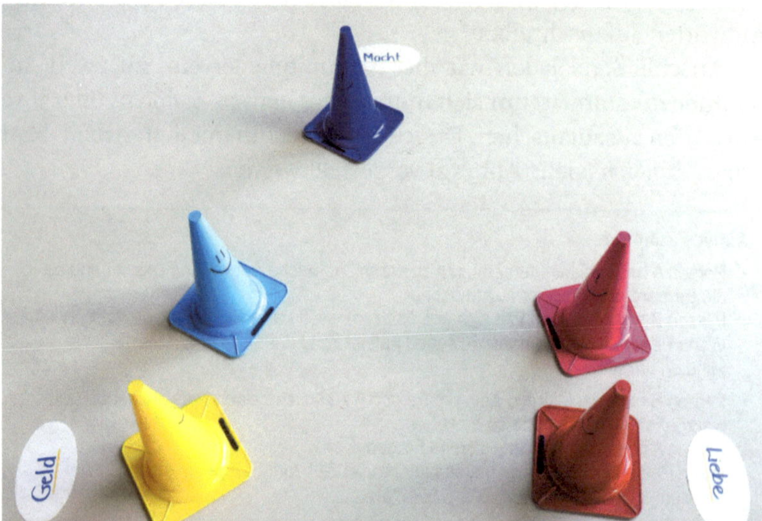

Abb. 53: Geld/Macht/Liebe

15 Das *Dreieck extrinsische Motivation* haben wir in der Lehrsupervision bei Barbara Hamann kennen gelernt.

Zunächst verdeutlichen wir die drei Begriffe:

- »Geld« steht für materielle Zuwendungen. Es lässt sich verstehen als materieller Energieausgleich für unsere Tätigkeiten.
- »Macht« steht für manifeste und latente Zuschreibungen, die uns ermächtigen, durch Entscheidungsvollmacht tätig zu werden. Ohne Macht können wir nichts machen.
- »Liebe« steht für jede Form der zwischenmenschlichen Anerkennung und Wertschätzung, die wir von anderen Menschen für unsere Tätigkeiten erhalten.

Alle drei Begriffe bieten eine Projektionsfläche und bekommen je nach Typ und Biografie unterschiedliche Konnotationen.

Wir laden die Teammitglieder zunächst ein, sich nacheinander auf jeden Begriff zu stellen und wahrzunehmen, welche Konnotation und Bilder der jeweilige Begriff auslöst. Je nach Größe des Teams findet danach ein Austausch paarweise oder mit allen statt.

Im zweiten Schritt laden wir jedes Teammitglied mit folgenden Fragen ein, sich in diesem Dreieck zu verorten:

- Wo ist mein Platz, der verdeutlicht, was mich extrinsisch am stärksten motiviert und was für mich eher eine geringere Bedeutung hat?
- Wo bin ich verführbar, und welchen Begriff blende ich vielleicht sogar aus?
- Wo bin ich aktuell verortet, und wo würde ich mir zukünftig meinen Platz wünschen?

Anschließend findet wieder ein Austausch zunächst paarweise und dann im ganzen Team statt. Dabei kann im Team überlegt werden, wo sich das Team als Ganzes verorten würde und ob es für die Zukunft den Wunsch gibt, diese Position zu verändern.

Bei dieser Übung erleben wir häufig, dass Teammitglieder ihre bisherigen Bewertungen der drei Begriffe überdenken und wahrnehmen, wie hilfreich oder möglicherweise notwendig alle drei für die Arbeit im Team sein können.

Daran kann sich ein Austausch anschließen, wie der Ausgleich im Team wahrgenommen wird. Dies kann im Hinblick auf die Teammitglieder untereinander erfolgen oder gegebenenfalls im Hinblick auf das Team innerhalb der Organisation.

14.3 Aufstellungen zur Zufriedenheit

Mit drei *Aufstellungen zur Zufriedenheit* lässt sich die Situation im Team im Blick auf den Faktor *Wertschätzung/Motivation/Ausgleich* anschaulich darstellen. Dabei können die jeweilige persönliche Situation *(Selbstreflexion)*, die Atmosphäre im Team (*psychologische Sicherheit*) und die Arbeit mit der Klientel (*Sinn- und Zielorientierung*) zur Sprache kommen. Die gemeinsame *Wahrnehmung* ermöglicht eine Wertschätzung des Ist-Standes sowie eine Reflexion über Veränderungswünsche.

Für die Aufstellungen sitzt das Team in einem Stuhlkreis. In der Mitte liegt eine Karte mit dem Namen des Teams oder der Organisation. Jedes Teammitglied hat vor sich eine Karte liegen, auf die es seinen eigenen Namen schreibt. Die Moderation erläutert, dass nacheinander drei Kartenaufstellungen gemacht werden, bei denen die jeweilige Zufriedenheit mit unterschiedlicher Perspektive wahrgenommen wird:

- Zufriedenheit mit sich selbst
- Zufriedenheit im Team
- Zufriedenheit in der Arbeit mit der Klientel.

Es geht jeweils darum einzuschätzen, wie hoch aktuell die Zufriedenheit (Energie) zwischen null und 100 % ist und diesen Wert zu begründen. Die drei Perspektiven bedingen sich, zugleich sollen sie in den Aufstellungen differenziert nacheinander wahrgenommen werden.

Für jede Perspektive erfolgt eine Aufstellung mit den Namenskarten. Die Teammitglieder positionieren ihre Karten gleichzeitig auf dem Boden zwischen der Teamkarte in der Mitte, gleich 100 %, und dem eigenen Stuhl, gleich null % (siehe Abb. 54).

Danach benennen sie nacheinander ihren Wert und begründen ihn. Zum Beispiel: »Meine Zufriedenheit mit mir selbst liegt gerade bei 67 %, weil es mir eigentlich gut geht, ich aber nicht genug Zeit für mein Hobby finde.«

Wenn alle ihren Wert benannt und begründet haben, ist Zeit für Wahrnehmungen im Blick auf das Ganze.

Die zweite und dritte Kartenaufstellung werden in der gleichen Form durchgeführt.

Abb. 54: Beispiel Teamzufriedenheit

Erfahrungsgemäß entsteht durch die drei Aufstellungen eine konstruktive Atmosphäre im Team, die sich für den anschließenden Austausch nutzen lässt. Dabei können folgende Fragen hilfreich sein:

- Was überrascht uns?
- Was irritiert uns?
- Wo gab es die höchsten Werte und wo die niedrigsten?
- Wie passt das Ergebnis zu unserer aktuellen Wahrnehmung der Teamsituation?
- Wo wünschen wir uns eine Veränderung?
- Was trägt dazu bei, dass es so ist, wie es ist?

Dieses Instrument lässt sich auch zur Teamreflexion einsetzen. Dafür notieren die Teammitglieder in einem weiteren Schritt auf jeweils drei Karten die Themen, die sie gerade am stärksten beschäftigen. Diese Themen positionieren sie ebenfalls nach Bedeutung zwischen null und 100 %.

Unserer Erfahrung nach wird mit diesem Instrument die *psychologische Sicherheit* im Team durch das strukturierte Vorgehen gefördert und ermöglicht einen wertschätzenden Austausch über das Geben und Nehmen im Team. Die Aufstellung mit Karten sorgt für eine

Distanz, die für die je persönliche Emotionsregulierung hilfreich sein kann.

14.4 Mögliche Aha-Momente

- Die Forderung nach Wertschätzung ist ein Hinweis auf eingeschränkte Handlungsfähigkeit oder fehlenden Ausgleich.
- »Wen schätze ich so wert, dass ich mich wertschätzen lasse?«
- Zuhören kann die höchste Form der Wertschätzung sein.
- Ohne Macht kann ich nichts machen.
- *A3* führt durch Inspirieren.
- Gefühlter Ausgleich zeigt sich an der Zufriedenheit.
- …

15 Führung

> Wer übernimmt wie Verantwortung, sodass alle Faktoren in funktionaler Balance sind?

In der Arbeit mit dem *aha3-Teammodell* ist es für uns eine wesentliche Frage, wer wie Verantwortung übernimmt, sodass alle Faktoren im bestehenden Kontext berücksichtigt werden, und wie eine funktionale Balance erreicht wird.

Diese zentrale Funktion verorten wir im Faktor *Führung* und haben ihn in der Mitte positioniert, aus der heraus er die einzelnen Faktoren miteinander verbindet.

Der Faktor *Führung* im Sinne *Systemischer Autorität* ist in seiner Funktion nicht auf eine Leitungsrolle beschränkt. Er kann im Team wahrgenommen werden durch:

- die Teamleitung
- einzelne Teammitglieder
- das gesamte Team
- eine Mischform von Teamleitung und Teammitgliedern.

Entsprechend kann die Führungsrolle bei einer einzelnen Person liegen oder aufgeteilt werden. Dies geschieht bewusst oder unbewusst durch Autorisierung und manifeste oder latente Rollenzuschreibungen.

Bei der Wahrnehmung des Faktors *Führung* stellt sich für uns nicht die Frage, ob jemand führt, sondern wie geführt wird. Wir sind der Überzeugung, »man kann nicht nicht führen«[16], und fragen danach, aus welcher Haltung und wie geführt wird und wie sich dies im Team auswirkt.[17]

---

16 Frei nach Paul Watzlawick (1969, S. 53).

17 Im ersten Teil dieses Buches haben wir darauf unsere Antworten mit der Darstellung der Entwicklung von A1 zu A3 (siehe Kap. 1) sowie der Grundannahmen Systemischer Autorität (siehe Kap. 2) gegeben. Der Faktor *Führung*, der als Dreieck in dem Modell abgebildet ist, stellt die Verbindung zum *Autoritätsdreieck* dar, mit dem wir drei Haltungen von Führung reflektiert haben (siehe Abschn. 1.4). Je nachdem, aus welcher Haltung heraus Führung im Team geschieht, kann eine *Wirkung ohne Einsicht*, ein *Reden ohne Wirkung*, eine *Wirkung mit Einsicht* oder eine Mischform entstehen (siehe Abschn. 1.5).

Führung als Faktor im *aha3-Teammodell* übernimmt aus einem *A3*-Verständnis heraus Verantwortung für:

- die *Sinn- und Zielorientierung*
- die *psychologische Sicherheit*
- die *Selbstreflexion* in und mit dem Team.

Diese drei Grundmerkmale der *Systemischen Autorität* greifen wir im Folgenden mit zwei exemplarischen Impulsen zum Faktor *Führung* auf:

- Die Übung *Lassen Sie uns darüber reden!* (siehe Abschn. 15.1) ermöglicht eine *Selbstreflexion* der drei Autoritätshaltungen in Führung und ihrer Wirkungen im Team.
- Das Modell *präsente Führung* (siehe Abschn. 15.2) verdeutlicht, wie *Führungspräsenz* funktional reguliert werden kann und stärkt in der Anwendung sowohl die *psychologische Sicherheit* als auch die *Sinn- und Zielorientierung.*

Als Drittes stellen wir zusammenfassend das *aha3-Teammodell* mit den Leitfragen der einzelnen Faktoren dar.

- Mit *Führen durch Fragen* (siehe Abschn. 15.3) laden wir ein, sich mit den Leitfragen der sieben Faktoren des *aha3-Teammodells* zu beschäftigen.

15.1 Lassen Sie uns darüber reden!

Mit der Übung *Lassen Sie uns darüber reden!* können eigene *A1-*, *A2-* und *A3-Anteile* und dadurch ausgelöste Reaktionen der jeweiligen Haltung wahrgenommen werden.

Bei der Durchführung schreiben wir zur Unterstützung den Ablauf auf ein Flipchart oder stellen die Anleitung *Lassen Sie uns darüber reden!* (siehe Abb. 55) zur Verfügung.

Die Rolle der Führung kann auch einen anderen Satz wählen, der für sie besser passt. Sie sollte jedoch darauf achten, den Satz vom Wortlaut her in jeder Haltung genau gleich zu verwenden.

Beim Einfinden in die jeweilige Haltung kann die Tabelle »Drei Autoritätshaltungen« (siehe Abb. 2) und die Beschreibung »Drei Haltungen und ihre Intention« (siehe Abb. 56), die wir für die Durchführung dieser Übung erstellt haben, unterstützend sein.

Lassen Sie uns darüber reden!

Rollen: F (Führung), 2 MW (Mitwirkende), B (Beobachtung)
Es gab auf der Seite der MW ein strittiges Verhalten.

F sagt dreimal nacheinander in den drei verschiedenen Haltungen (A1, A2, A3) den Satz: »Lassen Sie uns darüber reden!« F wählt für sich eine Reihenfolge der Haltungen aus, ohne dies den anderen mitzuteilen. F nimmt so weit wie möglich die Haltung von innen heraus ein, bei weitestgehend gleicher äußerer Körperhaltung und ohne Wörter an dem Satz zu verändern.

F: nimmt Augenkontakt auf mit MW (drei bis fünf Sekunden),
sagt »Lassen Sie uns darüber reden!«
und hält danach Augenkontakt (drei bis fünf Sekunden).

MW: nehmen wahr, welche Reaktion F bei ihnen und im Miteinander auslöst.

B: beobachtet die Veränderung.

Reflexion der Übung:

- MW und B teilen mit, welche Reihenfolge der Haltungen (A1, A2, A3) sie wahrgenommen haben und wie sie auf sie gewirkt haben.
- F teilt ihre gewählte Reihenfolge mit und wie sie die unterschiedlichen Haltungen bei sich und den anderen erlebt hat.
- Gemeinsamer Austausch.

Abb. 55: AB Lassen Sie uns darüber reden!

Hilfreich ist bei dieser Übung die doppelte Fremdeinschätzung durch die Mitwirkenden und die Beobachtung. Sie kann die eigene Wahr-

Drei Haltungen und ihre Intention

A1 – traditionell, hierarchisch, vertikal, patriarchal, autoritär
- Es muss klar sein, wer hier das Sagen hat, sonst läuft alles aus dem Ruder.
- Mit Regeln, Kontrolle und Konsequenzen halte ich den Rahmen und sorge für die nötige Ordnung.
- Ich stehe hier fest und werde das auf jeden Fall alleine durchstehen.
- Das muss jetzt sofort geklärt werden, damit alle sehen, worum es geht.
- Das soll jeder mitbekommen, damit allen klar ist, wie hier die Regeln sind.

A2 – verweigert, antiautoritär, horizontal, abwesend, selbstbestimmt
- Das schaffen sie allein und sollen es auch allein klären.
- Da halte ich mich raus, dafür sind andere zuständig.
- Das sollen alle gemeinsam entscheiden.
- Die Zeit regelt das von alleine, da muss ich mich nicht einmischen.
- Das müssen nicht alle mitbekommen, es darf unter uns bleiben.

A3 – systemisch, geteilt, verbindend, selbstreflektiert, transformativ
- Ich bin da, ich habe am Gegenüber Interesse und bleibe in der Beziehung.
- Ich sehe die Bedürfnisse aller und bleibe auch da, wenn es schwierig wird.
- Ich bleibe nicht alleine und hole mir Unterstützung hinzu.
- Ich muss das nicht sofort klären, werde aber beharrlich darauf zurückkommen.
- Ich mache mein Handeln öffentlich zum Schutz für alle Beteiligten.

Abb. 56: Drei Haltungen und ihre Intention

nehmung der drei Haltungen bestärken oder für Irritation sorgen, wenn die Reihenfolge anders oder unklarer wahrgenommen wurde, als die Führungsrolle sie gespielt hat.

15.2 Präsente Führung

Das Modell *Präsente Führung* bietet Orientierung zu dem Zweck, die Intensität von Präsenz im Führungsalltag zu regulieren. Abhängig von der je erlebten Handlungsfähigkeit im Team wird die Intensität der *Führungspräsenz* gesteuert. Je handlungsunfähiger das Team wird, desto mehr braucht es eine Intensivierung der *Führungspräsenz* und andersherum (siehe Abb. 57).

Im Modell *Niveaus der Handlungsfähigkeit* haben wir das funktionale Verhalten und den funktionalen Unterstützungsbedarf differenziert für sieben Stufen beschrieben. Im Modell *Präsente Führung* ergänzen wir in Anlehnung an das Konzept *Wachsame Sorge* von Haim Omer (vgl. 2015) und in Bezug auf die *Autonome Leiter* drei Intensitäten von *Führungspräsenz*:

- Intensität 1: Das Team befindet sich auf der *Autonomen Leiter* im grünen Bereich und erlebt sich als handlungsfähig. Es reicht eine offene Aufmerksamkeit der *Führungspräsenz* dafür, es bei der Aufgabenerledigung zu unterstützen.
- Intensität 2: Das Team befindet sich im gelben Bereich der *Autonomen Leiter*, die Handlungsfähigkeit ist eingeschränkt. Es braucht eine fokussierte Aufmerksamkeit, die bei aufkommenden Schwierigkeiten erhöht und bekannt gemacht wird.
- Intensität 3: Das Team befindet sich im roten Bereich der *Autonomen Leiter*, die Handlungsfähigkeit ist stark eingeschränkt oder nicht mehr vorhanden. Es braucht einseitige Maßnahmen und Schutz durch konkretes Eingreifen und deutliche Hilfestellungen.

Zu beachten ist, dass die Intensität der *Führungspräsenz* sowohl zu niedrig als auch zu hoch sein kann. Eine zu hohe *Führungspräsenz* im grünen oder gelben Bereich kann dafür sorgen, dass die Handlungsfähigkeit der Teammitglieder sich verringert. Gleichzeitig kann dadurch eine Entwicklung der Selbstführung verhindert werden.

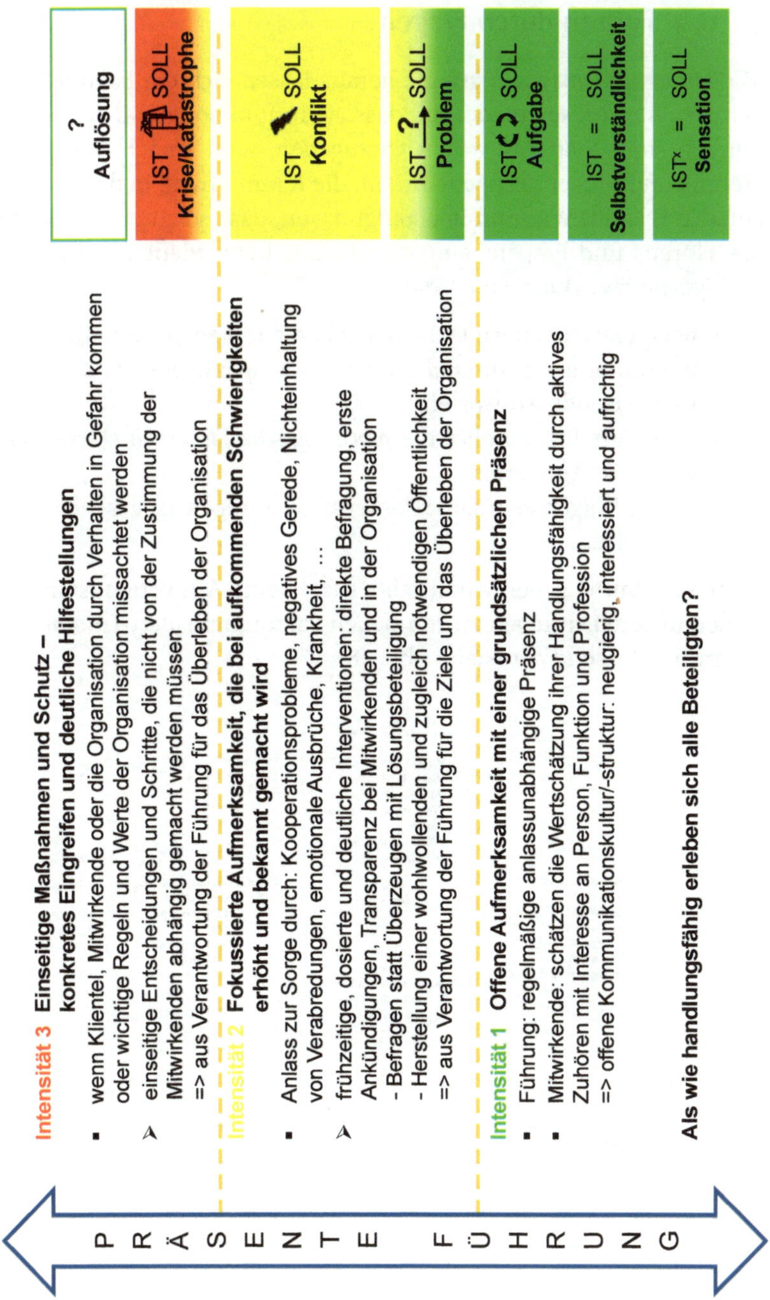

Abb. 57: Präsente Führung

15.3 Führen durch Fragen

Mit *Führen durch Fragen* aus *A3* heraus lassen sich die Faktoren im *aha3-Teammodell* so entwickeln, dass sie in funktionaler Balance verbunden sind. Statt Antworten vorzugeben, wird eine Haltung des Hörens und Fragens eingenommen, die Raum öffnet, in dem Neues entstehen kann. Wir sind überzeugt davon, dass solch eine Haltung des Hörens und Fragens ein wesentliches Instrument von *Führung mit Systemischer Autorität* ist, da:

- perspektiverweiternde Fragen eher zur gemeinsamen Wahrnehmung der *Sinn- und Zielorientierung* einladen als ziel- und wegweisende Antworten
- suchende Fragen eher die *psychologische Sicherheit* stärken als wissende Antworten
- offene Fragen eher zur *Selbstreflexion* anregen als geschlossene Antworten.

In diesem Sinne geben wir abschließend keine Antworten, sondern stellen unsere Leitfragen zu den sieben Faktoren im *aha3-Teammodell* zusammenfassend dar (siehe Abb. 58).

Abb. 58: aha3-Teammodell Leitfragen

Mit den nachfolgenden Leitfragen laden wir dazu ein, sich die Fragen für das Team zu stellen, das Sie gedanklich beim Lesen des Buches begleitet hat, oder in Führung zu gehen, indem Sie sich gemeinsam mit Ihrem Team diese Fragen stellen.

Vision/Ziele/Aufgaben
- Welches ist unsere Vision für das Jahr 20...?
- Welches sind unsere Ziele?
- Welche Aufgaben leiten sich daraus ab?

Aufbau/Rahmen/Struktur
- Wie teilen wir unsere Aufgaben auf?
- Welche Ressourcen benötigen wir?
- Welche Strukturen geben wir uns?

Ablauf/Prozesse/Kommunikation
- Wie führen wir die Aufgaben durch?
- Wie kooperieren wir bei der Durchführung der Aufgaben?
- Wie kommunizieren wir in unserer und über unsere Kooperation?

Sinn/Bedeutung/Inspiration
- Welches ist die Quelle unseres Handelns?
- Wie bedeutsam sind unsere Tätigkeiten?
- Was inspiriert uns?

Gesundheit/Sicherheit/Energie
- Wie achten wir auf unsere Gesundheit?
- Wie aufrichtig können wir sein?
- Wie ist unsere Energiebilanz?

Wertschätzung/Motivation/Ausgleich
- Wer schätzt uns wie wert?
- Was motiviert uns?
- Wer bringt wie viel ein?

Führung
- Wer übernimmt wie Verantwortung, sodass alle Faktoren in funktionaler Balance sind?

15.4 Mögliche Aha-Momente

- Führung heißt funktionales Balancieren.
- Führung wird autorisiert und kann sich auf mehrere Personen aufteilen.
- Man kann nicht nicht führen.
- Haltung wirkt.
- Hohe *Führungspräsenz* ist nicht immer funktional.
- *Führen durch Fragen* kann Räume öffnen, in denen Neues entsteht.
- *Führung mit Systemischer Autorität* kann erlebbar werden in einer Haltung des Hörens und Fragens.
- …

Nachwort

»If you believe in something and put it in your mind and heart, it can be realized.«

Eliud Kipchoge, Marathonweltrekordler 2022 in Berlin

Mit der Übernahme der Geschäftsführung eines Bildungsträgers stellten sich für mich viele Fragen: Wie will ich führen? Welches Führungsverständnis ist hilfreich für das Unternehmen, die Mitwirkenden, die Führenden und vor allem für mich? Was passt zu mir? Wie passt es zu mir? Als Diplom-Pädagogin mit einer systemischen Ausbildung war mir das Konzept der Neuen Autorität bereits bekannt. Mit Harald Kurp und später auch mit Dagmar Hoefs zusammen diesen Ansatz praktisch auf Organisation und Führung zu übertragen, war vor diesem Hintergrund für mich logisch und zugleich spannend und inspirierend für die (Neu-)Gestaltung des Unternehmens und des Führungsverständnisses. Der Ansatz passt nicht nur zu meiner Profession, Funktion und Person, sondern mit Blick auf das Unternehmen war für mich klar, dass es für eine erfolgreiche Entwicklung des Unternehmens eine andere Art der Führung braucht. Eine Führung, die die gesellschaftlichen und ökonomischen Herausforderungen unserer Zeit akzeptiert und Veränderungen als Chancen für Wachstum und Entwicklung versteht. Diese Veränderungen nehmen unmittelbar Einfluss auf unsere Branche: eine sich verändernde Zielgruppe als Teilnehmende und Mitwirkende; sich verändernde politische Schwerpunktsetzungen durch die Bundesagentur für Arbeit sowie das Ministerium für Arbeit und Soziales; eine sich verändernde Finanzierungspolitik der Auftraggebenden, durch die sich das Unternehmen in einem stetigen finanziellen Krisenmodus bewegt; und schließlich die Anforderungen an die Arbeitswelt 4.0.

Vor genau diesem Hintergrund war ich mir zusammen mit den verantwortlichen Bereichsleitungen im Unternehmen schnell einig, dass der Ansatz Systemische Autorität hilfreich für unser Unternehmen, unsere Mitwirkenden und Teilnehmenden, aber vor allem für uns selbst sein kann. Blieben zunächst die Fragen: Wie kann es uns gelingen, diesen Ansatz umzusetzen und auf unser Unternehmen zu übertragen? Wie gelingt es uns, Führungspräsenz umzusetzen und zu gestalten? Welche Haltungs- und Handlungsfelder wollen wir in den Mittelpunkt unsers Miteinanders stellen? Woran merken wir, dass wir erfolgreich mit unserem Verständnis von Führung sind?

Gemeinsam mit Dagmar Hoefs und Harald Kurp haben wir uns auf den Weg gemacht, Antworten auf diese Fragen zu finden. Ich bin dankbar, dass die Bereichsleitungen bereit waren, diesen spannenden und inspirierenden Weg mitzugehen und den Mut hatten, sich mit ihren Kompetenzen einzubringen, sich und ihre Autoritätserfahrungen zu reflektieren und Führung, Verantwortung und Entscheidungen zu tragen. Im Rückblick sind für mich vor allem die neutralen Bezeichnungen A1, A2 und A3 anstelle von »alt« und »neu« sowie das Modell der aha3-Haltungs- und Handlungsfelder entscheidende Entwicklungen und Wegbegleiter. Ich erinnere mich noch gut an den Aha-Moment, als mir deutlich wurde, dass für die bisherige Unternehmensführung die Begriffe »alt« und »neu« eine Wertung implizierte. Wir hatten den historischen Kontext des Unternehmens nicht ausreichend beachtet und wertgeschätzt. Das holten wir nach, und ich bekam die Zustimmung für die Etablierung eines neuen Führungsverständnisses. Mit diesem gemeinsam erarbeiteten Führungsverständnis haben wir Antworten auf die Frage gefunden, wie und mit welcher Haltung wir dieses Unternehmen führen wollen. Wir leben Führungspräsenz durch gelebte Selbstführung, offene Vernetzung, Transparenz, Beharrlichkeit und Lösungsorientierung. Dabei begegnen wir neuen Herausforderungen, die uns vor andere Fragen stellen. Zusammen mit Harald Kurp und Dagmar Hoefs sind wir auf dem Weg, unser Verständnis Systemischer Autorität in Organisation und Führung weiterzuentwickeln.

Der Weg erinnert mich manchmal an einen Marathonlauf. Er fordert Durchhaltevermögen, Beharrlichkeit und Fleiß. Bei Erfolgen wird eine Strahlkraft nach innen und außen freigesetzt, die lange nachwirkt. Er setzt Endorphine frei. Er verbindet. Er trägt zur physischen und psychischen Gesundheit bei, fördert die Kondition und das Selbstbewusstsein. Die Umsetzung des Ansatzes der Systemischen Autorität bedarf, wie die Vorbereitung auf einen Marathon, des regelmäßigen Trainings. Nur so erhält man seine Fitness, seinen Trainingsstand und entwickelt diesen für einen Marathon weiter. Zugleich habe ich die Erfahrung gemacht, dass ein Marathon länger als 42 Kilometer und 195 Meter dauert. Genau wie unser Weg, auf den wir uns begeben haben. Ich bin gespannt, wohin wir mit Einsicht und Wirkung mit dem Unternehmen und unserem Verständnis von Führung kommen und wie viele Marathons wir erfolgreich beenden werden. Wir stellen uns schon lange nicht mehr die Frage, ob wir diesen Marathon laufen sollen, sondern haben für uns viele Gründe entdeckt, warum wir weiterlaufen wollen.

Sind Sie noch unsicher, ob Sie sich auf den Weg machen sollen oder überhaupt können? Ihnen ist es zu weit oder zu anstrengend?

Das vorliegende Buch ist ein Einstieg, wenn Sie so wollen in die Marathonwelt. Als ausführliche Streckenbeschreibung finden Sie in ihm viele Antworten auf die oben gestellten Fragen. Sie werden mitgenommen auf den Weg des Ausprobierens, Austestens und Reflektierens, und zugleich kann das Buch ein Anker bei Rückschlägen sein. Es bietet eine Antwort auf die Frage, welche Haltung es für eine erfolgreiche Entwicklung von Organisation und Führung braucht. Mit seinem Ansatz und den dargestellten Instrumenten zeigt es auf beeindruckende Weise auf, dass ein systemischer Führungsansatz nicht allein eine übertragbare Methode ist, sondern dass es um die innere Führungshaltung geht.

Katja Stremme
Geschäftsführerin
A&A Ausbildung und Arbeit Plus GmbH

Glossar

A1: Abkürzung für Autoritätshaltung 1. Siehe Abschnitt 1.2.

A1-Anteile: Anteile von A1 in einer Person, die durch Kontext, beteiligte Personen und Organisation beeinflusst werden.

A1-Führung: Führung, die aus A1 heraus führt.

A1-Kultur: Kultur, die vor allem durch A1 geprägt ist.

A2: Abkürzung für Autoritätshaltung 2. Siehe Abschnitt 1.2.

A2-Anteile: Anteile von A2 in einer Person, die durch Kontext, beteiligte Personen und Organisation beeinflusst werden.

A2-Führung: Führung, die aus A2 heraus führt.

A2-Kultur: Kultur, die vor allem durch A2 geprägt ist.

A3: Abkürzung für Autoritätshaltung 3. Siehe Abschnitt 1.2.

A3-Anteile: Anteile von A3 in einer Person, die durch Kontext, beteiligte Personen und Organisation beeinflusst werden.

A3-Führung: Führung, die aus A3 heraus führt.

A3-Kultur: Kultur, die vor allem durch A3 geprägt ist.

Ablauf: ein Begriff, mit dem ein Faktor des aha3-Teammodells beschrieben wird. Siehe Kapitel 11.

aha3-Haltungs- und Handlungsfelder: geben Impulse für die Entwicklung der Führungspräsenz, die aus den sechs umliegenden Haltungs- und Handlungsfeldern emergiert. Siehe Abschnitt 1.3.

aha3-Präsenzdimensionen: ermöglichen die Reflexion der Intensität von Führungspräsenz in Bezug auf ein konkretes Verhalten. Siehe Kapitel 5.

aha3-Teamevaluation: ermöglicht die Reflexion der Entwicklung der Faktoren des aha3-Teammodells. Siehe Kapitel 6.

aha3-Teamhaus: ermöglicht als imaginäre Reise die Reflexion von Sinn- und Zielorientierung sowie die psychologische Sicherheit auf einer tieferen Ebene. Siehe Abschnitt 13.2.

aha3-Teammodell: besteht aus sieben Faktoren, die wie in einem Mobile miteinander verbunden sind und abhängig vom Kontext in der Teamentwicklung wirken. Siehe Kapitel 7.

aha3 || Beratung in Organisation und Führung. Verfügbar unter: www.aha3.de.

Aha-Momente: eine Form der Einsicht; ermöglichen Momente der Einsicht in Zusammenhänge, die unklar waren und plötzlich begreifbar werden. Siehe Abschnitt 1.6.1.

Allgemeiner Kontext: beschreibt die Umwelten des Teams, die auf alle Menschen wirken. Siehe Kapitel 8.

ANS: Abkürzung für autonomes Nervensystem. Siehe Abschnitt 1.6.2.

Aufbau: ein Begriff, mit dem ein Faktor des aha3-Teammodells beschrieben wird. Siehe Kapitel 10.

Aufgaben: ein Begriff, mit dem ein Faktor des aha3-Teammodells beschrieben wird. Siehe Kapitel 9.

Aufgaben-vier-Felder-Matrix: zur Priorisierung der Aufgabensammlung. Siehe Abschnitt 9.3.

Aufstellungen zur Zufriedenheit: ermöglichen einen Austausch über den Ausgleich im Team. Siehe Abschnitt 14.3.

Ausgleich: ein Begriff, mit dem ein Faktor des aha3-Teammodells beschrieben wird. Siehe Kapitel 14.

Autonome Leiter: veranschaulicht die Polyvagal-Theorie, indem sie die drei Zustände beim Menschen abbildet, die durch das ANS ausgelöst werden. Siehe Abschnitt 1.6.2.

Autonomes Nervensystem (ANS): wirkt wie ein inneres Sicherheitsradarsystem und löst automatisch Reaktionen aus, die in bestimmten Mustern agieren. Siehe Kapitel 1.6.2.

Autorität: sorgt dafür, dass Personen, Gruppen oder Organisationen in ihrem Denken und Handeln einer Person, Gruppe oder Organisation folgen. Siehe Abschnitt 1.1.

Autoritätsdreieck: bildet A1, A2 und A3 als Dreieck ab und ermöglicht die Reflexion der Autoritätsanteile. Siehe Abschnitt 1.4.

Autoritätshaltung: beschreibt die Haltung einer Autorität und wird in dreifacher Weise durch A1, A2 und A3 dargestellt. Siehe Abschnitt 1.2.

Autoritätshaltung 1: steht für die Haltung traditioneller/hierarchischer/vertikaler/patriarchaler/autoritärer Autorität. Siehe Abschnitt 1.2.

Autoritätshaltung 2: steht für die Haltung verweigerter/antiautoritärer/horizontaler/abwesender/selbstbestimmter Autorität. Siehe Abschnitt 1.2.

Autoritätshaltung 3: steht für die Haltung Neuer/geteilter/verbindender/selbstreflektierter/transformativer/Systemischer Autorität. Siehe Abschnitt 1.2.

Bedeutung: ein Begriff, mit dem ein Faktor des aha3-Teammodells beschrieben wird. Siehe Kapitel 12.

Dämonische Sicht: ist geprägt von einem dualistischen Weltbild, in dem alles Leiden vom Bösen kommt und die Klärung der Schuld von Bedeutung ist. Siehe Abschnitt 2.1.3.

Dreieck intrinsische Motivation: ermöglicht eine Reflexion des Belohnungssystems. Siehe Abschnitt 14.2.

Dreipolige Struktur von Autorität: verweist darauf, dass Autorität einer Autorisierung aufgrund einer Legitimation bedarf. Siehe Abschnitt 1.1.

Eine-Sicht: eine Form der Einsicht; besteht in der einen gemeinsamen Sicht des Teams auf die Ziele. Siehe Abschnitt 1.6.3.

Einsicht: kommt vor als Aha-Moment der Einsicht, als eine Einsicht durch Einsehen und als die Eine-Sicht auf die Ziele. Siehe Abschnitt 1.6.

Einsicht durch Einsehen: eine Form der Einsicht; erfolgt durch einen Reflexions- und Entwicklungsprozess, für den ein Rahmen notwendig ist, in dem fehlerhaftes Verhalten offen und angstfrei benannt werden kann und der es ermöglicht, belastende Emotionen konstruktiv zu bearbeiten. Siehe Abschnitt 1.6.2.

Energie: ein Begriff, mit dem ein Faktor des aha3-Teammodells beschrieben wird. Siehe Kapitel 13.

Energiekreise: ermöglichen die Erstellung einer Energiebilanz für ein Team. Siehe Abschnitt 13.3.

Fragen zur Besprechungsstruktur: unterstützen das Team bei der Entwicklung hilfreicher Strukturen für die Teambesprechung. Siehe Abschnitt 10.2.

Führen durch Fragen: ist als Haltung des Hörens und Fragens ein wesentliches Instrument von Führung mit Systemischer Autorität. Siehe Abschnitt 15.3.

Führung: Faktor im aha3-Teammodell. Siehe Kapitel 15.

Führung mit Systemischer Autorität: übernimmt mit Führungspräsenz Verantwortung für die Sinn- und Zielorientierung, die psychologische Sicherheit und die Selbstreflexion und ermöglicht dadurch Wirkung mit Einsicht. Siehe Abschnitt 1.5.3.

Führungspräsenz: Quelle Systemischer Autorität, die aus den aha3-Haltungs- und Handlungsfeldern emergiert. Lässt sich mit den aha3-Präsenzdimensionen differenzieren und reflektieren. Siehe Abschnitt 1.3 und Kapitel 5.

Funktion: beinhaltet die Position in der Aufbauorganisation und, daraus abgeleitet, die offiziell zugeschriebenen Aufgaben und Befugnisse. Siehe Abschnitt 11.1.

Funktional-systemische Präsenz: ist eine Dimension der Führungspräsenz. Siehe Kapitel 5.

Funktionslogik: Logik in Teams, bei der Teammitglieder die Funktionserfüllung in den Vordergrund stellen und primär an der Erfüllung der Aufgaben interessiert sind. Siehe Abschnitt 11.1

Gedanklich-zeitliche Präsenz: ist eine Dimension der Führungspräsenz. Siehe Kapitel 5.

Gegenüber/Klarheit/Beharrlichkeit: Feld der aha3-Haltungs- und Handlungsfelder. Siehe Abschnitt 1.3.

Gesundheit: ein Begriff, mit dem ein Faktor des aha3-Teammodells beschrieben wird. Siehe Kapitel 13.

Historischer Kontext: beschreibt die Geschichte des Teams. Siehe Kapitel 8.

Inspiration: ein Begriff, mit dem ein Faktor des aha3-Teammodells beschrieben wird. Siehe Kapitel 12.

Inspirations-Visions-Mosaik: In der Zusammenführung von Bildern der je persönlichen Inspiration und Vision wird ein Austausch über den Sinn der beruflichen Tätigkeit ermöglicht. Siehe Abschnitt 12.1.

Inspirierende Erkundung: gemeinsames Gespräch über Sinn und Bedeutung des beruflichen Handelns. Siehe Abschnitt 12.2.

Instrumente: bringen Systemische Autorität in der Praxis zum Klingen. Siehe Abschnitt 2.3.4.

Instrumente zur Teamreflexion: unterstützen die Teamreflexion. Siehe Kapitel 3 bis 6.

Intentional-ethische Präsenz: ist eine Dimension der Führungspräsenz. Siehe Kapitel 5.

Interpersonal-empathische Präsenz: ist eine Dimension der Führungspräsenz. Siehe Kapitel 5.

Kommunikation: ein Begriff, mit dem ein Faktor des aha3-Teammodells beschrieben wird. Siehe Kapitel 11.

Kontext: beschreibt in der Teamentwicklung die relevanten Umwelten des Teams. Siehe Kapitel 8.

Körperlich-räumliche Präsenz: ist eine Dimension der Führungspräsenz. Siehe Kapitel 5.

Kulturquadrant: ermöglicht die Reflexion der Organisationskultur im Zusammenspiel mit der Haltung der Menschen, die in der Organisation tätig sind. Siehe Kapitel 3.

Lassen Sie uns darüber reden!: eine Übung, die eine Selbstreflexion der drei Autoritätshaltungen in Führung und ihrer Wirkungen im Team ermöglicht. Siehe Abschnitt 15.1.

Mitarbeitende: in einer Organisation Tätige, die an etwas mitarbeiten, das erledigt werden soll. Der Selbstorganisations- und Verantwortungsgrad hat eine geringe Bedeutung. Siehe Abschnitt 2.3.5.

Mittelbarer Kontext: beschreibt die Umwelten des Teams, die für alle in diesem Arbeitsfeld Tätigen gelten. Siehe Kapitel 8.

Mitwirkende: wirken an der Zielformulierung und -erreichung mit. Der Selbstorganisations- und Verantwortungsgrad hat eine hohe Bedeutung. Siehe Abschnitt 2.3.5.

Momente der Stille: unterstützen beim Wahrnehmen von Sinn, Bedeutung und Inspiration. Siehe Abschnitt 12.3.

Motivation: ein Begriff, mit dem ein Faktor des aha3-Teammodells beschrieben wird. Siehe Kapitel 14.

Neue Autorität: von Haim Omer und Arist von Schlippe für Familie, Schule und Gemeinde entwickeltes pädagogisches Konzept. Neue Autorität gründet auf Anerkennung, Respekt und Stärke durch verbindende Präsenz. Siehe Abschnitt 1.2.

Niveaus der Handlungsfähigkeit: Modell zur Einschätzung der Handlungsfähigkeit aller Beteiligten, um wahrzunehmen, ob im System ausreichend Vertrauen und Sicherheit vorhanden ist. Siehe Kapitel 4.

Organisationsentwicklungsdreieck: besteht aus den Faktoren Vision/Ziele/Aufgaben, Aufbau/Rahmen/Struktur und Ablauf/Prozesse/Kommunikation und bildet die drei äußeren Faktoren im aha3-Teammodell. Siehe Abschnitt 7.4.2.

Person: beinhaltet die psychische Struktur mit ihren Präferenzen der Kommunikation und des Verhaltens, die biografische Prägung sowie individuelle Bedürfnisse wie Sicherheit, Freiheit, Autonomie und Zugehörigkeit. Siehe Abschnitt 11.1.

Personal-internale Präsenz: ist eine Dimension der Führungspräsenz. Siehe Kapitel 5.

Personenlogik: Logik in Teams, bei der Teammitglieder die Beziehung in den Vordergrund stellen und primär am sozialen Miteinander interessiert sind. Siehe Abschnitt 11.1.

Polyvagal-Theorie: erklärt, wie emotionale Überforderung sich auf das autonome Nervensystem auswirkt und welcher Unterstützung es bedarf. Siehe Abschnitt 1.6.2.

Possibilismus: beschreibt eine Welthaltung des Möglichen in der Zukunft. Siehe Abschnitt 2.1.2.

Präsente Führung: ist ein Modell für die funktionale Regulierung der Intensität von Führungspräsenz. Siehe Abschnitt 15.2.

Profession: beinhaltet die Fachlichkeit, gemeinsame Werte und die gemeinsame Identität als Berufsgruppe, als Team oder als Organisation. Siehe Abschnitt 11.1.

Professional-pragmatische Präsenz: ist eine Dimension der Führungspräsenz. Siehe Kapitel 5.

Professionslogik: Logik in Teams, bei der Teammitglieder die Fachlichkeit in den Vordergrund stellen und primär an der fachlichen und qualitativen Weiterentwicklung der Arbeit und ihrer Profession interessiert sind. Siehe Abschnitt 11.1.

Prozesse: Begriff, mit dem ein Faktor des aha3-Teammodells beschrieben wird. Siehe Kapitel 11.

Psychologische Sicherheit: Atmosphäre, in der sich die Menschen sicher genug fühlen, um zwischenmenschliche Risiken einzugehen und Bedenken, Fragen oder Ideen zu äußern. Grundmerkmal einer Haltung Systemischer Autorität. Siehe Abschnitt 1.6.2.

Rahmen: ein Begriff, mit dem ein Faktor des aha3-Teammodells beschrieben wird. Siehe Kapitel 10.

Rahmenvorlage Besprechungen: kann Teams unterstützen, ihre Besprechungskultur zu reflektieren und zu verändern. Siehe Abschnitt 10.1.

Reden ohne Wirkung: ist ein Merkmal von A2, bei dem Führende reden, ohne dass eine Wirkung erreicht wird. Siehe Abschnitt 1.5.2.

Rollenklärung: Klärung von manifesten und latenten Selbst- und Fremderwartungen. Siehe Kapitel 11.

Schattenorganisation: bezeichnet ein Feld im Kulturquadranten. Siehe Kapitel 3.

Schneeballsystem zur Zielfindung: Methode, bei der aus individuellen Zielen ein gemeinsames Ziel entsteht. Siehe Abschnitt 9.2.

Selbst führende Organisationen: bezeichnet ein Feld im Kulturquadranten. Siehe Kapitel 3.

Selbstführung/Selbstkontrolle/Deeskalation: Feld der aha3-Haltungs- und Handlungsfelder. Siehe Abschnitt 1.3.

Selbstreflexion: Grundmerkmal einer Haltung Systemischer Autorität. Siehe Abschnitt 1.6.5.

Selbstreflexion/Werte/Entscheidung: Feld der aha3-Haltungs- und Handlungsfelder. Siehe Abschnitt 1.3.

Sicherheit: ein Begriff, mit dem ein Faktor des aha3-Teammodells beschrieben wird. Siehe Kapitel 13.

Sinn: ein Begriff, mit dem ein Faktor des aha3-Teammodells beschrieben wird. Siehe Kapitel 12.

Sinn- und Zielorientierung: Grundmerkmal einer Haltung Systemischer Autorität. Siehe Abschnitte 1.6.5 und 9.1.

Struktur: ein Begriff, mit dem ein Faktor des aha3-Teammodells beschrieben wird. Siehe Kapitel 10.

Strukturvorlage Aufgabendurchführung: unterstützt Teams bei der praktischen Umsetzung ihrer Visionen und Ziele. Siehe Abschnitt 10.3.

Systemische Autorität: Haltung, der im System aufgrund ihrer Führungspräsenz Autorität zugeschrieben wird. Sie stärkt das System und alle Beteiligten in ihrer Entwicklung durch Sinn- und Zielorientierung, psychologische Sicherheit und Selbstreflexion. Siehe Kapitel 1.

Systemische Autorität in Organisation und Führung: Ansatz, der das Konzept Neue Autorität auf den Kontext Organisation und Führung überträgt. Siehe Teil I insgesamt.

Team: Zusammenschluss von mindestens drei Personen in einem bestimmten Kontext, die zur Lösung einer Aufgabe oder zur Erreichung eines Ziels aufeinander angewiesen sind. Siehe Abschnitt 7.1.

Teamentwicklung: ist zugleich ein autonomer Entwicklungsprozess im Team sowie die Steuerung durch Führung, die mit Interventionen das Team in seiner professionellen Entwicklung fördert. Siehe Abschnitt 7.3.

Teamtriade: bildet das Team ab als Organisationseinheit, als Gruppe und als Verbund von Professionals. Siehe Abschnitt 7.3.

Theorie autopoietischer Systeme: greift die Erfahrung auf, dass Menschen autonome Wesen sind, die sich nicht planbar von außen steuern lassen. Siehe Abschnitt 2.2.1.

Tragische Sicht: nimmt die Welt so, wie sie ist, bedauert, was passiert ist, und versucht, im Hier und Jetzt zu ändern, was zu ändern ist. Siehe Abschnitt 2.1.3.

Transparenz/Öffentlichkeit/Kommunikation: Feld der aha3-Haltungs- und Handlungsfelder. Siehe Abschnitt 1.3.

Triade beruflichen Handelns: Modell, in dem das berufliche Handeln aus dem Zusammenwirken der drei Dimensionen Person, Funktion und Profession emergiert. Siehe Abschnitt 11.1.

Triadisches Denken: erweitert binäres Denken durch die Hinzunahme eines dritten Faktors. Siehe Abschnitt 2.2.3.

Überforderte Organisation: bezeichnet ein Feld im Kulturquadrant. Siehe Kapitel 3.

Unmittelbarer Kontext: beschreibt die Umwelten des Teams, die nur für das Team gelten. Siehe Kapitel 8.

Vernetzung/Kooperation/Unterstützung: Feld der aha3-Haltungs- und Handlungsfelder. Siehe Abschnitt 1.3.

Vier Dimensionen der Gesundheit: körperlich, psychisch, sozial und existenziell. Siehe Abschnitt 13.1.

Vision: ein Begriff, mit dem ein Faktor des aha3-Teammodells beschrieben wird. Siehe Kapitel 9.

Wachsame Sorge: erweitertes Konzept von Haim Omer, in das die Grundsätze elterlicher Präsenz, das Modell der Neuen Autorität und die bindungsrelevante Ankerfunktion einfließen. Siehe Abschnitt 15.2.

Weisung und Kontrolle: bezeichnet ein Feld im Kulturquadranten. Siehe Kapitel 3.

Wertschätzung: ein Begriff, mit dem ein Faktor des aha3-Teammodells beschrieben wird. Siehe Kapitel 14.

Wertschätzung durch Zuhören: ermöglicht eine Selbstreflexion zur Wertschätzung, in Verbindung mit einer Übung zum aktiven Zuhören. Siehe Abschnitt 14.1.

Wiedergutmachung/Beziehungsgesten/Ausgleich: Feld der aha3-Haltungs- und Handlungsfelder. Siehe Abschnitt 1.3.

Wirkung mit Einsicht: ist ein Merkmal von A3, bei dem Führende Wirkung erreichen, die verbunden ist mit Momenten der Einsicht. Siehe Abschnitt 1.5.3.

Wirkung ohne Einsicht: ist ein Merkmal von A1, bei dem Führende Wirkung ohne Einsicht erreichen. Siehe Abschnitt 1.5.1.

Ziele: Begriff, mit dem ein Faktor des aha3-Teammodells beschrieben wird. Siehe Kapitel 9.

Verzeichnis der Abbildungen

Literatur

Arnold, H. (2016): Wir sind Chef. Wie eine unsichtbare Revolution Unternehmen verändert. Freiburg (Haufe).

Arnold, H. (2021): Der Haufe Quadrant. Verfügbar unter: https://www.haufe.de/konzept/haufe-quadrant [12.8.2022].

Bauer, J. (2006): Warum ich fühle, was du fühlst. Intuitive Kommunikation und das Geheimnis der Spiegelneurone (Heyne).

Bauer, J. (2008): Lob der Schule. Sieben Perspektiven für Schüler, Lehrer und Eltern. Hamburg (Hoffmann und Campe), 3. Aufl. 2010.

Baumann-Habersack, F. (2015): Mit neuer Autorität in Führung. Die Führungshaltung für das 21. Jahrhundert. Wiesbaden (Springer), 2., überarb. u. erw. Aufl. 2017.

Baumann-Habersack, F. (2019): Neue Autorität und Führung in Unternehmen. In: B. Körner, M. Lemme, S. Ofner, T. von der Recke, C. Seefeldt u. H. Thelen (Hrsg.): Neue Autorität. Das Handbuch. Konzeptionelle Grundlagen, aktuelle Arbeitsumfelder und neue Anwendungsgebiete. Göttingen (Vandenhoeck & Ruprecht), S. 367–384.

Baumann-Habersack, F. (2020): Führen mit transformativer Autorität. Die neue Praxis wirksamer Konfliktbearbeitung. Göttingen (Vandenhoeck & Ruprecht).

Beck, D. E. u. C. D. Cowan (2007): Spiral Dynamics. Leadership, Werte und Wandel. Eine Landkarte für Business und Gesellschaft im 21. Jahrhundert. Bielefeld (Kamphausen).

Bents, R. u. R. Blank (2004): Typisch Mensch. Einführung in die Typentheorie. Göttingen (Beltz), 3., überarb. Aufl.

Bohne, M. (2010): Bitte klopfen! Anleitung zur emotionalen Selbsthilfe. Heidelberg (Carl-Auer), 7. Aufl. 2020.

Bohne, M. (2021). Psychotherapie und Coaching mit PEP. Prozess- und embodimentfokussierte Psychologie in der Praxis. Heidelberg (Carl-Auer), 2. Aufl. 2022.

Bregman, R. (2020): Im Grunde gut. Eine neue Geschichte der Menschheit. Hamburg (Rowohlt).

Dana, D. (2018): Die Polyvagal-Theorie in der Therapie. Den Rythmus der Regulation nutzen. Lichtenau/Westf. (Probst), 2. Aufl. 2019.

Duden (o. J.): »Konzept«. Verfügbar unter: https://www.duden.de/rechtschreibung/Konzept [12.8.2022].

Edmondson, A. C. (2020): Die angstfreie Organisation. Wie Sie psychologische Sicherheit am Arbeitsplatz für mehr Entwicklung, Lernen und Innovation schaffen. München (Vahlen).

Fiedler, C. u. I. Goldschmid (2010): Burnout-erprobte Wege aus der Falle. München (Beck).

Franke, M. (2016): Aufstellungsarbeit und Schulsystem. In: G. Weber u. C. Rosselet (Hrsg): Organisationsaufstellungen. Grundlagen, Settings, Anwendungsfelder. Heidelberg (Carl-Auer), S. 256–267.

Fuss, H. (2018): Aber führen muss man. Gespräch mit Winfried Kretschmann. *Cicero. Magazin für politische Kultur*: 30–37.

Hell, D. (2018): Lob der Scham. Nur wer sich achtet, kann sich schämen. Gießen (Psychosozial).

Horx, M. (o. J.): 42 – Wie man als Possibilist in die Zukunft schaut. Verfügbar unter: https://www.horx.com/42-wie-man-als-possibilist-in-die-zukunft-schaut/ [12.8.2022].

Isaacs, W. (2002): Dialog als Kunst, gemeinsam zu denken. Die neue Kommunikationskultur in Organisationen. Bergisch Gladbach (EHP), 2. Aufl. 2011.

Kaldenkerken, C. van (2014): Wissen, was wirkt. Modelle und Praxis pragmatisch-systemischer Supervision. Hamburg (tredition).

Kaldenkerken, C. van u. R. Kunkel (2019): Die Niveaus der Handlungsfähigkeit. Das Modell und seine praktische Anwendung. Nienbergen (step Gbr.).

Knapp, N. (2013): Kompass neues Denken. Wie wir uns in einer unübersichtlichen Welt orientieren können. Reinbek bei Hamburg (Rowohlt), 7. Aufl. 2021.

Königswieser, R., U. Cichy u. A. Doujak (2001): »Dornröschen«. In: R. U. Königswieser: SIMsalabim. Veränderung ist keine Zauberei. SystemischesIntegrationsManagement. Stuttgart (Klett-Cotta), S. 47–64.

Körner, B., M. Lemme, S. Ofner, T. von der Recke, C. Seefeldt u. H. Thelen, H. (Hrsg.) (2019): Neue Autorität. Das Handbuch. Konzeptionelle Grundlagen, aktuelle Arbeitsfelder und neue Anwendungsgebiete. Göttingen (Vandenhoeck & Ruprecht).

Kounios, J. u. M. Beeman (2015): Das Aha-Erlebnis. Wie plötzliche Einsichten entstehen und wie wir sie erfolgreich nutzen. München (Deutsche Verlags-Anstalt).

Kunkel-van Kaldenkerken, R. u. C. van Kaldenkerken (2013): Niveaus der Handlungsfähigkeit. Handlungsmöglichkeiten der Beteiligten identifizieren. In: P. Knapp (Hrsg.): Konflikte lösen in Teams und großen Gruppen. Bonn (managerSeminare), S. 100–108.

Kurp, H. u. D. Hoefs (2019): Das Autoritätsdreieck. Neue Autorität mit alten Wurzeln in Organisation und Führung. In: B. Körner, M. Lemme, S. Ofner, T. von der Recke, C. Seefeldt u. H. Thelen (Hrsg.): Neue Autorität. Das Handbuch. Konzeptionelle Grundlagen, aktuelle Arbeitsfelder und neue Anwendungsgebiete. Göttingen (Vandenhoeck & Ruprecht), S. 526–538.

Laloux, F. (2015): Reinventing Organizations. Ein Leitfaden zur Gestaltung sinnstiftender Formen der Zusammenarbeit. München (Vahlen).

Lauterbach, M. (2005): Gesundheitscoaching. Strategien und Methoden für Fitness und Lebensbalance im Beruf. Heidelberg (Carl-Auer), 4. Aufl. 2018.

Leeb, W. A., B. Trenkle u. M. F. Weckenmann (Hrsg.) (2011): Der Realitätenkellner. Hypnosystemische Konzepte in Beratung, Coaching und Supervision. Heidelberg (Carl-Auer), 2. Aufl. 2017.

Lemme, M. u. B. Körner (2018): Neue Autorität in Haltung und Handlung. Ein Leitfaden für Pädagogik und Beratung. Heidelberg (Carl-Auer), 2. Aufl. 2019.

Lemme, M. u. B. Körner (2022): Die Kraft der Präsenz. Systemische Autorität in Haltung und Handlung. Heidelberg (Carl-Auer).

Ludewig, K. (2014): Theorie autopoietischer Systeme – Humberto Maturana. In: T. Levold u. M. Wirsching (Hrsg.): Systemische Therapie und Beratung – das große Lehrbuch. Heidelberg (Carl-Auer), 4. Aufl. 2021, S. 61–64.

Marks, S. (2007): Scham – die tabusierte Emotion. Düsseldorf (Patmos), 5. Aufl. 2015.

Müller-Christ, G. u. D. Pijetlovic (2018): Komplexe Systeme lesen. Das Potenzial von Systemaufstellungen in Wissenschaft und Praxis. Berlin (Springer Gabler).

Newmark, C. (2020): Warum auf Autoritäten hören? Berlin (Dudenverlag).

Omer, H. (2015): Wachsame Sorge. Wie Eltern ihren Kindern ein guter Anker sind. Göttingen (Vandenhoeck & Ruprecht).

Omer, H. u. A. von Schlippe (2002): Autorität ohne Gewalt. Coaching für Eltern von Kindern mit Verhaltensproblemen. »Elterliche Präsenz« als systemisches Konzept. Göttingen (Vandenhoeck & Ruprecht), 11. Aufl. 2017.

Omer, H. u. A. von Schlippe (2010): Stärke statt Macht. Neue Autorität in Familie, Schule und Gemeinde. Göttingen (Vandenhoeck & Ruprecht).

Omer, H., N. Alon u. A. von Schlippe (2007): Feindbilder. Psychologie der Dämonisierung. Göttingen (Vandenhoeck & Ruprecht).

Philipp, E. (2014): Multiprofessionelle Teamentwicklung. Erfolgsfaktoren für die Zusammenarbeit in der Schule. Weinheim/Basel (Beltz).

Porges, S. W. (2010): Die Polyvagal-Theorie. Neurophysiologische Grundlagen der Therapie. Emotionen, Bindung, Kommunikation und ihre Entstehung. Paderborn (Junfermann).

Rappe-Giesecke, K. (1990): Supervision für Gruppen und Teams. Berlin/Heidelberg/New York (Springer), 4., aktual. Aufl. 2009.

Rappe-Giesecke, K. (2008): Triadische Karriereberatung. Begleitung von Professionals, Führungskräften und Selbstständigen. Bergisch Gladbach (EHP).

Recke, T. von der (2019): Systemische Grundlagen. In: B. Körner, M. Lemme, S. Ofner, T. von der Recke, C. Seefeldt u. H. Thelen (Hrsg.): Neue Autorität. Das Handbuch. Konzeptionelle Grundlagen, aktuelle Arbeitsfelder und neue Anwendungsgebiete. Göttingen (Vandenhoeck & Ruprecht), S. 45–85.

Rosenberg, M. B. (2001): Gewaltfreie Kommunikation. Eine Sprache des Lebens. Paderborn (Junfermann), 12., überarb. u. erw. Aufl. 2016.

Scharmer, C. O. (2009). Theorie U – Von der Zukunft her führen. Presencing als soziale Technik. Heidelberg (Carl-Auer), 5., völlig überarb. u. erw. Aufl.

Schein, E. H. (2003): Prozessberatung für die Organisation der Zukunft. Der Aufbau einer helfenden Beziehung. Bergisch Gladbach (EHP).

Schlippe, A. von (2019): Skizze einer Systemtheorie der Neuen Autorität. Was können wir von Unternehmerfamilien lernen? In: B. Körner, M. Lemme, S. Ofner, T. von der Recke, C. Seefeldt u. H. Thelen (Hrsg.): Neue Autorität. Das Handbuch. Konzeptionelle Grundlagen, aktuelle Arbeitsfelder und neue Anwendungsgebiete. Göttingen (Vandenhoeck & Ruprecht), S. 86–102.

Schlippe, A. von u. J. Schweitzer (1996): Lehrbuch der systemischen Therapie und Beratung. Göttingen (Vandenhoeck & Ruprecht).

Schmidt, E. R. u. H. G. Berg (1995): Beraten mit Kontakt. Handbuch für Gemeinde- und Organisationsberatung. Frankfurt a. M. (Gabal).

Secretan, L. (2006): Inspirieren statt motivieren! Mit Leidenschaft zum Erfolg – so leben und führen Sie besser. Bielefeld (J. Kamphausen).

Stahl, E. (2002): Dynamik in Gruppen. Weinheim/Basel/Berlin (Beltz).

Verhaeghe, P. (2016): Autorität und Verantwortung. München (Antje Kunstmann).

Watzlawick, P. J., J. H. Beavin u. D. D. Jackson (1969): Menschliche Kommunikation. Formen, Störungen, Paradoxien. Bern (Hans Huber), 8., unveränd. Aufl. 1990.

Weinblatt, U. (2016): Die Nähe ist ganz nah! Scham und Verletzungen in Beziehungen überwinden. Göttingen (Vandenhoeck & Ruprecht).

Weisbord, M. u. S. Janoff (2011): Einfach mal Nichts tun! Berlin/Bonn (Westkreuz), 3. Aufl. 2020.

Wienemann, E. (2005): Betriebliches Gesundheitsmanagement und die Rolle der Führungskraft. In: M. Lauterbach, Gesundheitscoaching. Strategien und Methoden für Fitness und Lebensbalance im Beruf. Heidelberg (Carl-Auer), 4. Auf. 2018, S. 238–246.

Zehnder, M. (2019): Die Digitale Kränkung. Über die Ersetzbarkeit des Menschen. Zürich (NZZ Libro).

Über den Autor und die Autorin

Harald Kurp, Diplom-Theologe, Diplom-Supervisor und Organisationsberater (FH), Supervisor und Coach (DGSv), Mediator, Systemischer Coach für Neue Autorität.

Dagmar Hoefs, Diplom-Betriebswirtin (FH), Versicherungskauffrau, Diplom-Supervisorin und Organisationsberaterin (FH), Supervisorin und Coachin (DGSv), Mediatorin, Systemische Coachin für Neue Autorität.

Harald Kurp und Dagmar Hoefs sind selbstständig als Berater und Beraterin mit den Schwerpunkten Systemische Autorität in Organisation und Führung, Organisationsberatung, Teamentwicklung, Supervision, Coaching, Karriereberatung, Klärungsberatung, Mediation von Arbeitskonflikten, Krisenberatung. Im Jahr 2019 gründeten sie *aha3 || Beratung in Organisation & Führung.*
Kontakt: www.aha3.de